Dr. Claus-Günter Frank, Lothar Gebhard, Harald Ziebarth

unter Mitarbeit von Johannes Schornstein

Mathematik
Jahrgangsstufe 11
Für Berufliche Gymnasien in Sachsen

Lösungen

2. Auflage

Bestellnummer 21504

Haben Sie Anregungen oder Kritikpunkte zu diesem Produkt?
Dann senden Sie eine E-Mail an 21504_002@bv-1.de
Autoren und Verlag freuen sich auf Ihre Rückmeldung.

www.bildungsverlag1.de

Bildungsverlag EINS GmbH
Sieglarer Straße 2, 53842 Troisdorf

ISBN 978-3-427-**21504**-2

© Copyright 2011: Bildungsverlag EINS GmbH, Troisdorf
Das Werk und seine Teile sind urheberrechtlich geschützt. Jede Nutzung in anderen als den gesetzlich zugelassenen Fällen bedarf der vorherigen schriftlichen Einwilligung des Verlages. Hinweis zu § 52a UrhG: Weder das Werk noch seine Teile dürfen ohne eine solche Einwilligung eingescannt und in ein Netzwerk eingestellt werden. Dies gilt auch für Intranets von Schulen und sonstigen Bildungseinrichtungen.

Lehrbuch Seiten 11, 12, 15

1 Grundkenntnisse

1.1 Zahlenmengen und Intervalle

1 a) $]0; \infty[$ b) $[0; \infty[$
    c) $]-\infty; 0]$ d) $]-\infty; 0[$
    e) $[-1; 4]$ f) $]-2; 3]$
    g) $]0,5; 1[$ h) $[20; 30[$
    i) $]2; \infty[$ j) $]-\infty; 2[$
    k) $[3; \infty[$ l) $[-4; -2]$
    m) $]-1; 3[$ n) $]3; \infty[$

2 a) $[3; 5]$ b) $]3; 5[$
    c) $\{\}$ d) $[-5; -2]$
    e) $[2; \infty[$ f) $]-\infty; -1[$
    g) $]-\infty; 7]$ h) $[4; 6]$
    i) $[-5; 3]$ j) $[-2; \infty[$
    k) $[1; \infty[$ l) $[3; 4]$
    m) $]3; 4[$ n) $]-2; 0[$
    o) $[4; 8]$ p) $]2; \infty[$
    q) $[-2; \infty[$ r) $]-\infty; \infty[$

3 a) $\{(3/1); (3/2); (4/1); (4/2); (5/1); (5/2)\}$
    b) $\{(10/a); (10/b); (10/c); (20/a); (20/b); (20/c); (30/a); (30/b); (30/c)\}$
    c) $\{(-2/0/1); (-2/0/2); (-2/1/1); (-2/1/2); (-1/0/1); (-1/0/2); (-1/1/1);$
       $(-1/1/2); (0/0/1); (0/0/2); (0/1/1); (0/1/2)\}$
    d) $\{(1/8); (2/8); (3/8); (4/8); (5/8); (1/9); (2/9); (3/9); (4/9); (5/9)\}$

1.2 Rechnen

1 a) $x^2 + 2xy + y^2 = (x + y)^2$
    b) $4x^2 + 12xb + 9b^2 = (2x + 3b)^2$
    c) $a^2 + 4ab + 4b^2 = (a + 2b)^2$
    d) $r^2 - 18rs + 81s^2 = (r - 9s)^2$
    e) $a^2 + 2ab + 2b^2 - b^2 = (a + b)^2$
    f) $4x^2 - 10x + 6{,}25 = (2x - 2{,}5)^2$

2 a) $\dfrac{6}{7}$ b) $\dfrac{34}{253}$ c) $\dfrac{8}{3}$ d) $\dfrac{14}{17}$ e) $\dfrac{3}{4}$

    f) 1 g) $\dfrac{21}{8}$ h) $\dfrac{275}{162}$ i) 2 j) 1

    k) $\dfrac{61}{8}$ l) $\dfrac{29}{7}$ m) $\dfrac{80}{63}$ n) $\dfrac{184}{99}$ o) $\dfrac{19}{35}$

p) $\dfrac{53}{770}$ q) $\dfrac{y}{3}$ r) $\dfrac{a^2}{6c}$ s) $\dfrac{3x \cdot (x+y)}{x-y}$ t) $\dfrac{x}{y^2}$

u) $\dfrac{26a}{3b}$ v) $\dfrac{m}{a}$ w) $\dfrac{(x+y)^2 - x}{x^2 - y^2}$ x) $\dfrac{8b - 9a}{6a}$ y) $\dfrac{24}{x-y}$

z1) $\dfrac{9a^2 - 8a}{12ab} \cdot \dfrac{2b}{a} = \dfrac{9a - 8}{6a}$ z2) $\dfrac{2a^2}{a^2 - b^2}$

3 a) $P \cdot 1{,}1 \cdot 0{,}9 = P \cdot 0{,}99$ Senkung um 1%.
   b) $P \cdot 0{,}9 \cdot 1{,}1 = P \cdot 0{,}99$ Senkung um 1%.

4 a) Preis mit 16% MwSt: 250,58 EUR
   Nettopreis: 216,02 EUR
   Preis mit 19% MwSt: 257,06 EUR
   Exakte Weitergabe der Steuererhöhung
   b) 1 250,00 EUR → 1 077,59 EUR → 1 282,33 EUR
   Gewinnminderung: 32,33 EUR

5 Die Anzeige erscheint genau einmal. Und diese Zeitung hat total 2 664 000 Leser. Aber 80% davon sehen sich Anzeigen ohne hübsche Bilder nicht an. Bleiben noch 532 800. Von diesen lesen 75% nicht mehr als vier Zeilen. Also noch 133 200 übrig. Davon haben 60% das Gefühl, dass sie eh nie bei einem Wettbewerb gewinnen. Schön für die anderen 53 280. 70% finden es aber zu mühsam, eine Packung Schmutzweg zu kaufen. Bleiben 15 984. Davon haben 80% diesen Wettbewerb vergessen, wenn sie im Supermarkt stehen. Noch 3 197. 60% wissen dann zu Hause nicht mehr, dass sie den Strichcode ausschneiden und auf eine Postkarte kleben müssen – und diese Anzeige ist natürlich schon mit dem Altpapier weg. Selber schuld und 1 279 bleiben. Bei 30% liegt die Postkarte nach Einsendeschluss immer noch auf dem Küchentisch. Schade – noch 895. Doch 5% davon schicken sie an die falsche Adresse. Und demnach 850 an die richtige – aber einige ohne Absender. Etwa 10%. Bleiben noch 765 Teilnehmer. Bei 556 Preisen haben Sie gute Chancen, endlich zu gewinnen.

6 Von x Mio. Mehrwertsteuer-Einnahmen kommen 91%, also 0,91 x Mio., aus Regelsatz-Einnahmen. Der Regelsatzumsatz beträgt also 5,6875 x Mio. Entsprechend findet man 1,2857 x Mio. Umsatz zum ermäßigten Steuersatz.
Von 100 Mio. mehrwertsteuerpflichtigem Umsatz unterliegen also 81,56 Mio. dem Regelsteuersatz von 16% und 18,44 Mio dem ermäßigten Steuersatz von 7%.

	Bund	Länder	Kommunen
Regelsatz	6 456 942 EUR	6 322 531 EUR	270 127 EUR
ermäßigter Satz	638 688 EUR	625 393 EUR	26 720 EUR

7 $P \cdot 0{,}75 \cdot 0{,}75 = P \cdot 0{,}5625$
   43,75% Ermäßigung

8 Ohne GTR: $\left(\dfrac{106}{7} - \dfrac{104}{7}\right) - \dfrac{2}{7} = \dfrac{2}{7} - \dfrac{2}{7} = 0$
   Mit GTR: $-2{,}9 \cdot 10^{-13}$

1.3 Gleichungen

1 a) $D = \mathbb{R}; L = \{6\}$ b) $D = \mathbb{R}; L = \{3\}$

c) $D = \mathbb{R}; L = \left\{\dfrac{264}{49}\right\}$ d) $D = \mathbb{R}; L = \left\{-\dfrac{2}{3}\right\}$

e) $D = \mathbb{R}; L = \{2\}$ f) $D = \mathbb{R}; L = \{-1\}$
g) $D = \mathbb{R}; L = \{0\}$ h) $D = \mathbb{R}; L = \{-0{,}1\}$
i) $D = \mathbb{R}; L = \{-3; 9\}$ j) $D = \mathbb{R}; L = \{-0{,}5\}$
k) $D = \mathbb{R}; L = \{\}$ l) $D = \mathbb{R}\setminus\{2\}; L = \{\}$
m) $D = \mathbb{R}^*; L = \{\}$ n) $D = \mathbb{R}\setminus\{2\}; L = \{\}$
o) $D = \mathbb{R}\setminus\{-3; 3\}; L = \{2\}$ p) $D = \mathbb{R}\setminus\{-4; 4\}; L = \{\}$

q) $D = \mathbb{R}\setminus\{-1; 1\}; L = \left\{-\dfrac{1}{17}\right\}$ r) $D = \mathbb{R}\setminus\{-1; 1\}; L = \{5\}$

s) $D = \mathbb{R}\setminus\{-2; 2\}; L = \{\}$ t) $D = \mathbb{R}\setminus\{3; 4\}; L = \{6\}$

u) $D = \mathbb{R}\setminus\{5\}; L = \left\{\dfrac{1}{2}\right\}$ v) $D = \mathbb{R}\setminus\{-3; 0; 3\}; L = \{-13\}$

w) $D = \mathbb{R}\setminus\{-1; 3\}; L = \{2{,}5\}$ x) $D = \mathbb{R}\setminus\{0; 1\}; L = \{\}$

2 a) $L = \left\{\dfrac{3-a}{3}\right\}$ b) $a \neq 0: L = \left\{\dfrac{1}{a}\right\}$

                                   $a = 0: L = \{\}$

c) $a \neq -\dfrac{2}{7}: L = \left\{\dfrac{-4}{7a+2}\right\}$ d) $a \neq 1: L = \left\{\dfrac{7}{a-1}\right\}$

    $a = -\dfrac{2}{7}: L = \{\}$ $a = 1: L = \{\}$

e) $a \neq 7: L = \left\{\dfrac{4}{a-7}\right\}$ f) $a \neq 1: L = \left\{\dfrac{6}{1-a}\right\}$

    $a = 7: L = \{\}$ $a = 1: L = \{\}$

g) $D = \mathbb{R}\setminus\{1\}$ h) $D = \mathbb{R}^*$

    $a \notin \{-2; 1{,}5\}: L = \left\{\dfrac{7}{2a+4}\right\}$ $b \neq -1: L = \left\{\dfrac{-1}{2+2b}\right\}$

    $a \in \{-2; 1{,}5\}: L = \{\}$ $b = -1: L = \{\}$
i) $L = \{\}$

3 Die Division durch $(9 - x)$ bzw. $(y - x)$ ist nur für $9 \neq x$ bzw. $y \neq x$ zulässig.

4 $x + (x + 5) + (x + 10) + (x + 15) + (x + 20) = 200$
$$5x = 150$$
$$x = 30$$

5 $(x + 3)^2 - x^2 = 381$
$$6x = 372$$
$$x = 62$$
Die gesuchten Zahlen sind 62 und 65.

6

Paul	Ellen
x	$600 - x$
$\frac{1}{2}x$	$600 - \frac{1}{2}x$

$$\frac{1}{2}x + 200 - \frac{1}{6}x = 400 - \frac{2}{6}x$$
$$\frac{2}{3}x = 200$$
$$x = 300 \qquad \text{Jeder besaß anfangs 300 Nüsse.}$$

7 Alter: x
$$(x - 20) \cdot \left(1 - \frac{3}{8} - \frac{1}{8} - \frac{1}{9} - \frac{1}{9} - \frac{1}{12} - \frac{1}{24}\right) = \frac{33}{4}$$
$$(x - 20) \cdot \frac{11}{72} = \frac{33}{4}$$
$$x - 20 = 54$$
$$x = 74$$

8 $x \cdot 56 = (x + 1) \cdot 49$
$x = 7$

9
Achim: $x - 4$	1
Beate: x	5
Curt: $x + 3$	8

$x + 3 + \frac{1}{2} \cdot (x - 4) + \frac{1}{2}x = 11$
$x = 5$

10 $6 \cdot (3 - x) + 18x = 40$
$12x = 22$
$x = \frac{11}{6}$

Nach 70 min und 7 km erreicht das Fahrzeug den höchsten Punkt.

11 $40x + 60(x - 0{,}5) = 50$
$100x = 80$
$x = 0{,}8$
Das erste Auto fährt 0,8 h und 32 km, das zweite 0,3 h und 18 km.

12 $590 - 590 \cdot \frac{p}{100} = 410 + 410 \cdot \frac{p}{100}$
$p = 18$
Verkaufspreis: 410 EUR · 1,18 = 483,80 EUR

13 Prozentualer Anteil der billigeren Pralinen: x
$$14{,}40 \cdot \frac{x}{100} + 18{,}40\left(1 - \frac{x}{100}\right) = 17$$
$$x = 35$$
$250 \text{ g} \cdot \frac{35}{100} = 87{,}5 \text{ g}$ billigere Pralinen und 162,5 g teurere Pralinen.

Lehrbuch Seiten 22, 23

14 Prozentsatz: x
$$200 \cdot \frac{86}{100} + 500 \cdot \frac{37}{100} = 700 \cdot \frac{x}{100}$$
$$x = 51$$

15 Jährliche Fahrleistung: x
$$0,5x = 4500 + 7 \cdot 1,25 \cdot \frac{x}{100}$$
$$0,4125x = 4500$$
$$x \approx 10909,1$$

Ab 10909,1 km pro Jahr lohnt sich das eigene Auto.

16 Nettopreis der mit dem Regelsteuersatz zu versteuernden Einkäufe: x
$$x \cdot 0,19 + (107 - x) \cdot 0,07 = 15,05$$
$$x = 63$$
19%: 63 EUR (ca. 58,9%); 7%: 44 EUR (ca. 41,1%)

17 $8450 \cdot \frac{x - 0,5}{100} + 6200 \cdot \frac{x}{100} = 360,63$
$$x = 2,75$$

8450 EUR mit 2,25% und 6200 EUR mit 2,75%.

18 Kontostand am Jahresanfang: x
$$(x + 10000) \cdot 1,03 = 62000$$
$$x = 50194,17$$

19 Jahresetat: x
$$x \cdot 0,42 + x \cdot 0,12 + x \cdot 0,06 + 14000 = x$$
$$x = 35000$$

20 Rechnungsbetrag: R
$$5 \cdot R \cdot \frac{6 \cdot 30}{100 \cdot 360} + 30 = R \cdot \frac{3}{100}$$
$$R = 6000$$

21 $\frac{73 + 77 + x}{3} = 81$
$$x = 93$$

1.4 Ungleichungen

1 a) $D = \mathbb{R}; L = \;]-\infty; -\frac{4}{9}[$
b) $D = \mathbb{R}; L = \;]-\infty; \frac{2}{3}]$
c) $D = \mathbb{R}; L = [6; \infty[$
d) $D = \mathbb{R}; L = \;]3; \infty[$
e) $D = \mathbb{R}\backslash\{3\}; L = \mathbb{R}\backslash[-2; 3]$
f) $D = \mathbb{R}\backslash\{4\}; L = \;]-3; 4[$
g) $D = \mathbb{R}\backslash\{2,5\}; L = \mathbb{R}\backslash[2,5; 3[$
h) $D = \mathbb{R}\backslash\{1\}; L = \mathbb{R}\backslash[\frac{1}{2}; 1]$
i) $D = \mathbb{R}\backslash\{0; 3\}; L = \;]-\infty; -12\;[\cup]\;0; 3[$
j) $D = \mathbb{R}\backslash\{-1; 0\}; L = \mathbb{R}_*\backslash[-2; -1]$
k) $D = \mathbb{R}\backslash\{-4; 1\}; L = \;]-\infty; 1\;[\backslash]-14; -4]$
l) $D = \mathbb{R}\backslash\{-1; 1\}; L = \;]-\infty; \frac{5}{3}\;[\backslash[-1; 1]$
m) $D = \mathbb{R}\backslash\{2\}; L = [\frac{8}{5}; 2[$
n) $D = \mathbb{R}\backslash\{-3; 3\}; L = \;]-\infty; 3[\backslash[-3; \frac{12}{5}[$
o) $D = \mathbb{R}\backslash\{-3; \frac{5}{2}\}; L = \;]-14; \infty[\backslash[-3; \frac{5}{2}]$
p) $D = \mathbb{R}\backslash\{1; \frac{4}{3}\}; L = \;]-\infty; \frac{4}{3}\;[\backslash[1; \frac{17}{13}[$
q) $D = \mathbb{R}\backslash\{-2\}; L = \;]-2; -1,5[$
r) $D = \mathbb{R}\backslash\{-2\}; L = \mathbb{R}\backslash[-3; -2]$
s) $D = \mathbb{R}\backslash\{-1; +1\}; L = \;]-1; \infty[\backslash[1; 3[$
t) $D = \mathbb{R}\backslash\{-3; -1\}; L = \mathbb{R}\backslash([-3; -2] \cup \{-1\})$
u) $D = \mathbb{R}; L = \;]-\infty; 2,5]$
v) $D = \mathbb{R}\backslash\{-\frac{3}{2}; 1\}; L = \;]-\infty; -\frac{3}{2}\;[\cup]\;1; \frac{23}{13}]$

2 a) $L = \mathbb{N}$
b) $L = \{n | n \in \mathbb{N}^* \wedge n \geq 10\}$
c) $L = \{n | n \in \mathbb{N}^* \wedge n < 43\}$

3 Verkauf: $1\,200 \cdot 19{,}62 \cdot 0{,}982 \leq G \leq 1\,200 \cdot 20{,}43 \cdot 0{,}982$ | G: Einnahme beim Verkauf

Kauf: $x \cdot 13{,}97 \cdot 1{,}023 \geq G \geq x \cdot 13{,}81 \cdot 1{,}023$ | x: Aktienzahl

Er kann im ungünstigsten Fall 1 617, im günstigsten Fall 1 704 Megachip-Aktien erwerben.

1.5 Potenzen

1.5.1 Potenzen mit ganzen Exponenten

1 $3{,}14159 \cdot 10^5$; $2{,}7182 \cdot 10^4$; $5{,}7722 \cdot 10^{-1}$; $3{,}1 \cdot 10^{-4}$; $9{,}98 \cdot 10^7$; $6{,}0 \cdot 10^{-5}$; $8{,}043 \cdot 10^1$; $5{,}6 \cdot 10^{-3}$; $1{,}0 \cdot 10^6$; $5{,}81 \cdot 10^{-2}$; $5{,}1675 \cdot 10^1$; $4{,}321 \cdot 10^6$.

Lehrbuch Seiten 29, 30, 31

2 a) a^7 b) $2a^9$ c) $-6a^6$ d) $3a^{-1}$
  e) $-a^2$ f) a^{-5} g) a^5 h) a^{-1}
  i) a^{-5} j) a^{15} k) a^{-8} l) a^{-14}
  m) a^{24} n) $a^0 = 1$ o) a^{2n} p) $-a^{6n-3}$
  q) a^4 r) a^{-3} s) 1 t) $(a \cdot b^3)^2$

3 a) $\frac{1}{16}$ b) $\frac{8}{27}$ c) $\frac{27}{8}$ d) $-\frac{125}{8}$ e) $\frac{64}{49}$ f) $-\frac{1}{2}$ g) $-\frac{1}{64}$
  h) 10 000 i) 25 j) -729 k) 3,375 l) $-\frac{125}{27}$ m) $\frac{3375}{512}$ n) 256
  o) $\frac{16}{50\,625}$ p) 5 184 q) $\frac{3}{2}$ r) 0,000144 s) 8 t) 16 u) $\frac{81}{256}$
  v) 0,0016 w) 1 x) $\frac{9}{22}$ y) $\frac{196}{121}$ z) $\frac{81}{4096}$

4 a) 1 b) $4{,}5 \cdot 10^{-5}$ c) 2 d) 10^{-3} e) 2 f) $-1{,}4 \cdot 10^{-6}$

5 a) $\frac{3}{4}\left(\frac{a}{b}\right)^{m+n}$ b) $a^{m+n+4} \cdot b^{m+n-3}$ c) $a^{-7n+1} \cdot b^{5n-17}$
  d) $\frac{81y}{32(abx)^2}$ e) $\frac{(a-b)a^{n+1}b^n}{a+b}$ f) $(x+y)^2 \cdot (1-a)^2$
  g) $4a^8 b^8 x^{-5}$ h) $\frac{y}{x}$ i) a^{-1}
  j) 0 k) $a^{m^2(n+1)}$ l) a^{-2n}
  m) x^{2n-m-1} n) $a - b^2$ o) $\frac{1-a^2}{1+b^2}$
  p) $\frac{x^2 - y^2}{(x^2 + y^2)^2}$ q) $28 \cdot 3^{2m}$ r) $29 \cdot 5^n$
  s) $-10{,}25 \cdot 2^{2m}$ t) $-253 \cdot 6^{2n-2}$

6 a) $1 \text{ mm}^3 = 10^{-18} \text{ km}^3$ b) $1 \text{ dm}^3 = 10^6 \text{ mm}^3$ c) $1 \text{ m}^2 = 10^6 \text{ mm}^2$

7 a) $5{,}96854 \cdot 10^{24}$ kg b) $3{,}334 \frac{\text{g}}{\text{cm}^3}$ c) 696 198,7 km

8 $8{,}34 \cdot 10^{16}$

9 a) $1{,}901 \cdot 10^{26}$ kg $\cdot$ m $\cdot$ s^{-2} (N)
  b) $1{,}577 \cdot 10^{10}$ N

10 499 s = 8 min 19 s

11 a) $9{,}4608 \cdot 10^{12}$ km b) 105 699 307 Lichtjahre

12 a) $7{,}253 \cdot 10^{18}$ b) $2{,}823 \cdot 10^{21}$ c) 10^4 Atome

13 50 000 m $\cdot$ 20 000 m $\cdot$ h = 2 000 000 m^3
  h = 0,002 m = 2 mm

14 536 km^2 $\cdot$ h = $50 \cdot 10^9$ m^3
  h $\approx$ 93,28 m

15 $4{,}332 \cdot 10^{25}$ Tropfen

1.5.2 Die *n*-te Wurzel

1 a) 100; 1000; $\frac{1}{3}$; $\frac{13}{14}$; 0,1   d) $\frac{5}{3}$; 2; 0; 1; 0,1
   b) 3; 10; 30; 6; 0,1   e) 10; 10; 10; a; a
   c) 8; 4; 2; 3; 0,1   f) a^2; a^3; a^4; ab; $a+b$

2 Die ersten drei Wurzelausdrücke sind nicht, die letzten zwei nur für nichtpositive a definiert.

3 a) 4   b) 6   c) 10   d) 4   e) 2   f) 5

4 a) 3,46 cm   b) 1,17 m   c) 78,78 m

5 Lösung mit dem Satz des Pythagoras:
   a) 5 cm   b) 72,56 cm   c) 8,66 cm

6 a) $L = \{2, -2\}$ b) $L = \{\}$ c) $L = \{5\}$ d) $L = \{-5\}$
   e) $L = \{-3, 3\}$ f) $L = \{\}$ g) $L = \{10\}$ h) $L = \{-10\}$

7 a) $(x-y)(x^2 + xy + y^2)$ ergibt $x^3 - y^3$
   b) $x = \sqrt[3]{a}$ und $y = \sqrt[3]{a}$
   $\Rightarrow$ $x \geq 0; x^3 = a$ und $y \geq 0; y^3 = a$
   $\Rightarrow$ $x^3 - y^3 = a - a = 0$
   $\Rightarrow$ $(x-y)(x^2 + xy + y^2) = 0$
   $\Rightarrow$ $(x = y) \vee (x = y = 0)$

1.5.3 Potenzschreibweise der Wurzeln

1 a) $10^{\frac{1}{3}} \approx 2{,}1544$ b) $100^{\frac{1}{3}} \approx 4{,}6416$ c) $1000^{\frac{1}{3}} = 10$
   d) $2^{\frac{1}{5}} \approx 1{,}1487$ e) $15625^{\frac{1}{6}} = 5$ f) $3375^{\frac{1}{3}} = 15$
   g) $0{,}5^{\frac{1}{4}} \approx 0{,}8409$ h) $2^{\frac{12}{5}} \approx 5{,}2780$ i) $2^{\frac{12}{5}} \approx 5{,}2780$
   j) $0{,}5^{\frac{8}{7}} \approx 0{,}4529$ k) $1{,}05^{\frac{70}{30}} \approx 1{,}1206$ l) $12^{-\frac{1}{5}} \approx 0{,}6084$
   m) $0{,}01^{-\frac{1}{3}} \approx 4{,}6416$ n) $3 \cdot 2^{-\frac{3}{4}} \approx 1{,}7838$ o) $7 \cdot 10^{\frac{8}{5}} \approx 278{,}68$

2 a) $\sqrt{17}$ b) $\sqrt[5]{20}$ c) $\sqrt[4]{100^3}$ d) $\sqrt[19]{0{,}03^{17}}$
   e) $\dfrac{1}{\sqrt[5]{3}}$ f) $\dfrac{1}{\sqrt[3]{3{,}14}}$ g) $\dfrac{1}{\sqrt[5]{2^2}}$ h) $\dfrac{1}{\sqrt[5]{a}}$
   i) $\dfrac{1}{\sqrt[20]{b^{27}}}$ j) $\sqrt[2]{(a+b)^3}$

3 a) $a^{\frac{1}{2}}$; $a^{\frac{7}{2}}$; $a^{\frac{1}{3}}$; $a^{\frac{8}{3}}$; $a^{\frac{8}{3}}$

b) $a^{-\frac{1}{2}}$; $a^{-\frac{5}{2}}$; $a^{-\frac{1}{3}}$; $a^{-\frac{8}{3}}$; $a^{-\frac{8}{3}}$

c) $a^{-\frac{3}{7}}$; a^{-2}; a^2; $a^{\frac{1}{5}}$; a^3

d) $a^{\frac{1}{3}}$; $a^{\frac{8}{4}}$; $a^{-\frac{35}{7}}$; $5^{\frac{1}{4}}$; $5^{\frac{1}{20}}$

e) $a^{\frac{2}{9}}$; $3^{\frac{3}{4}}$; $2^{\frac{1}{3}}$; $\left[\left(6^{\frac{3}{2}}\right)^{\frac{1}{2}} \cdot 6^1\right]^{\frac{1}{2}} = 6^{\frac{7}{8}}$; $2^{\frac{9}{2n}}$

f) $\left(7^{\frac{1}{4}+\frac{4}{4}}\right)^{-\frac{1}{2}} = 7^{-\frac{5}{8}}$; $\left[\left(a^{\frac{1}{5}+2}\right)^{\frac{1}{5}} \cdot a^1\right]^{-1} = a^{-\frac{36}{25}}$; a; $a^{\frac{11}{8}}$

g) a; $a^{\frac{9}{8}}$; 9; $2^{\frac{3}{2}}$

4 a) 400 b) 100 c) $\frac{1}{216}$ d) $\frac{1}{256}$

e) $\frac{9}{25}$ f) 6 g) +3 h) +5

i) +25 j) a k) $-a$ l) 1

m) 3 n) 10 o) $\frac{1}{2}$ p) $\frac{1}{1000}$

q) 36 r) $\frac{1}{27}$ s) $\frac{1}{4}$ t) 100

5 a) $2^4 = 16$; $5^1 = 5$; $3^2 = 9$; $10^{-1} = 0{,}1$; $5^{\frac{7}{12}}$

b) $6^2 = 36$; $4^2 = 16$; $1{,}5^1 = 1{,}5$; $4^{\frac{1}{2}} = 2$; $7^{-\frac{7}{12}}$

c) $5^1 = 5$; $3^1 = 3$; $2^2 = 4$; $144^{\frac{1}{2}} = 12$; 4

d) $49^{\frac{1}{2}} = 7$; $64^{\frac{1}{6}} = 2$; $125^{\frac{1}{3}} = 5$; $19^0 = 1$; $7^{\frac{8}{21}}$

e) $10^2 = 100$; $2^2 = 4$; $3^4 = 81$; $15^{-1} = \frac{1}{15}$

f) $2^{\frac{8}{15}}$; $2^{\frac{7}{12}}$; $2^{\frac{5}{6}}$; $\left(\frac{1}{4}\right)^{\frac{13}{40}}$

g) 3; 12; 10; 9

h) 3; 2; 10; 2

i) x; x; x^2; x^{-1}

j) ab; $3a$; $2a^2$; ab^2

6 a) $1{,}5^2 = 2{,}25$ b) $9^{\frac{1}{2}} : 5^1 = \frac{3}{5}$

c) $2^2 = 4$ d) $100^{\frac{1}{2}} : 100^{\frac{1}{2}} = 1$

7 a) ab b) $x^2 y^2 z$ c) a d) 30

e) $2a^4 b^3$ f) 8 g) $\sqrt{2}$ h) 2

i) $2^{\frac{8}{15}}$ j) $3^{\frac{11}{30}}$ k) 1 l) $\sqrt{a}$

m) 10 n) 10^8 o) $\frac{x^3}{y^4}$ p) $\sqrt{x-y}$

8 a) $3a - 2a = a$ b) $\sqrt{2v^2 - 2v^2} = 0$ c) $\sqrt{x-y}$
 d) $(a^2 + b^2)^{\frac{1}{2}}$ e) $a + b$ f) $5x^2 + 1$
 g) $\sqrt[3]{x^3 + y^3}$ h) $x \cdot y$ i) $\sqrt[3]{27x^3 + 8y^3}$
 j) $3a$ k) $\sqrt{x \cdot y \cdot y^4}$ l) $\sqrt{a-3}$
 m) $\sqrt{x} \cdot \sqrt[4]{y^7}$ n) $a^{\frac{16}{21}}$ o) x^2

9 a) $\sqrt[3]{25-17} = 2$ b) $\sqrt[3]{3 + 2\sqrt{36} + 12} = 3$

10 a) $3 \cdot \sqrt{2}$ b) $2 \cdot \sqrt[3]{5}$ c) $7 \cdot \sqrt{2}$
 d) $10 \cdot \sqrt[7]{10}$ e) $5 \cdot \sqrt{2}$ f) $3 \cdot \sqrt{2}$
 g) $3 \cdot \sqrt[3]{0,1}$ h) $|a| \cdot \sqrt{b}$ i) $|a+b| \cdot \sqrt{c}$
 j) $|c| \cdot \sqrt{a^2 + b^2}$

11 a) $\sqrt{9 \cdot 2}$ b) $\sqrt[3]{8 \cdot 4}$ c) $\sqrt{a^2 \cdot b}$
 d) $\sqrt[3]{8a^3 \cdot b}$ e) $\sqrt{9a^2 \cdot b}$

12 a) $\dfrac{\sqrt{10}}{10}$ b) $\dfrac{\sqrt[5]{7^4}}{7}$ c) $2 + \sqrt{3}$
 d) $\dfrac{\sqrt[4]{x^3}}{x}$ e) $\dfrac{2(1 - \sqrt{a})}{1-a}$ f) $\dfrac{\sqrt{3} + 2\sqrt{2}}{-5}$
 g) $\dfrac{3 \cdot \sqrt[3]{x^4}}{x^2}$ h) $\sqrt{5x} - \sqrt{4x}$

13 a) $a \leqslant b$ b) $a \geqslant -1$ c) $a \leqslant 0$

14 a) 0,620 m b) 1,337 m c) 0,492 m d) 0,782 m e) 6364,7

1.6 Betrag einer Zahl

1
a)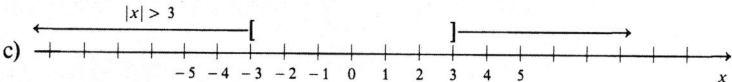

b)

c)

d)

e)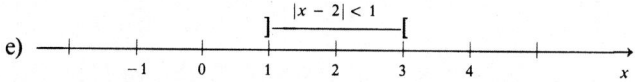

f)

g)

h)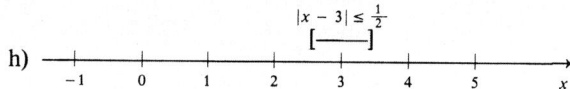

2 Falls keine Angabe: $D = \mathbb{R}$.

a) $L = \{-\frac{1}{3}; 1\}$
b) $L = \{-4; 2\}$
c) $L = \{-2\}$
d) $L = \{-3; 1\}$
e) $L = \{\frac{1}{3}\}$
f) $L = \{-\frac{9}{4}; \frac{1}{2}\}$
g) $L = \{-7; -\frac{5}{3}\}$
h) $L = \{\}$
i) $D = \mathbb{R}\setminus\{-4\}; L = \{-\frac{24}{5}; -\frac{24}{7}\}$
j) $D = \mathbb{R}\setminus\{-1; 1\}; L = \{\frac{1}{3}; 3\}$
k) $D = \mathbb{R}\setminus\{\frac{3}{2}\}; L = \{-3; 6\}$
l) $D = \mathbb{R}\setminus\{2\}; L = \{\frac{6}{7}\}$
m) $L = \mathbb{R}_+$
n) $L = \mathbb{R}\setminus[-4; 2]$
o) $L = \mathbb{R}\setminus[\frac{1}{2}; 2]$
p) $L =]-\frac{1}{2}; \infty[$
q) $L = \mathbb{R}$
r) $L =]-4; 2[$
s) $L = \{\}$
t) $L = \mathbb{R}$

1.7 Quadratische Gleichungen

1 Falls keine Angabe: $D = \mathbb{R}$.
a) $L = \{-4; 4\}$
b) $L = \{-3; 3\}$
c) $L = \{\}$
d) $L = \{\}$
e) $L = \{-2; 0\}$
f) $L = \{0; \frac{1}{4}\}$
g) $L = \{0; 1\}$
h) $L = \{0; 1\}$
i) $L = \{-\frac{3}{2}; 0\}$
j) $L = \{-2; 0\}$
k) $L = \{\frac{1}{6}\}$
l) $L = \{\frac{7}{12}\}$
m) $L = \{3\}$
n) $D = \mathbb{R}\setminus\{-2; 0\}$; $L = \{\frac{1}{2}\}$

2 Falls keine Angabe: $D = \mathbb{R}$.
a) $L = \{1; 2\}$
b) $L = \{\}$
c) $L = \{-2; 1\}$
d) $L = \{-5; 1\}$
e) $L = \{\}$
f) $L = \{\frac{1}{2} - \frac{1}{2}\sqrt{13}; \frac{1}{2} + \frac{1}{2}\sqrt{13}\}$
g) $L = \{-2; -\frac{1}{20}\}$
h) $L = \{\frac{2}{5}; 2\}$
i) $L = \{\}$
j) $L = \{\}$
k) $D = \mathbb{R}\setminus\{3\}$; $L = \{-2\}$
l) $D = \mathbb{R}\setminus\{-2; 2\}$; $L = \{\}$
m) $D = \mathbb{R}\setminus\{-3; 3\}$; $L = \{2\}$
n) $D = \mathbb{R}\setminus\{-1; \frac{1}{2}\}$; $L = \{\}$
o) $D = \mathbb{R}\setminus\{-4; 9\}$; $L = D$
p) $D = \mathbb{R}\setminus\{-7; 2\}$; $L = \{10\}$
q) $D = \mathbb{R}\setminus\{-3; -\frac{4}{3}\}$; $L = \{\frac{12}{31}; 1\}$
r) $D = \mathbb{R}\setminus\{0; \frac{1}{4}\}$; $L = \{\}$
s) $D = \mathbb{R}\setminus\{-3\}$; $L = \{\frac{3}{2}; 2\}$
t) $D = \mathbb{R}\setminus\{3\}$; $L = \{-2; 4\}$
u) $D = \mathbb{R}\setminus\{-1; 1\}$; $L = \{3\}$
v) $D = \mathbb{R}\setminus\{0; 2\}$; $L = \{-1\}$
w) $D = \mathbb{R}\setminus\{-2; -1; 3\}$; $L = \{1; 4\}$

3 a) $p = -\frac{3}{14}$; $q = \frac{1}{98}$
b) $p = 2$; $q = 3$
c) $p = -\frac{11}{4}$
d) $p = \frac{3}{16}$
e) $q = -15$
f) $p = -8$; $q = 0$

4 Vgl. Aufgabe 3

5 a) $(x - \frac{1}{3})(x + 3)$
b) $(z - 6)(z - 5)$
c) $(x - 2)(x - 1)$
d) $(x + \frac{1}{5})(x + \frac{1}{3})$
e) $2(x - \frac{23}{2})(x - 2)$
f) $3(x - \frac{2}{3})(x + 1)$
g) $\frac{1}{3}(x + 1)(x + 6)$
h) $(x + \sqrt{2})(x - 2\sqrt{2})$
i) $4(x - \frac{1}{8})(x + 4)$
j) $3(x + \frac{1}{12})^2$
k) $\frac{1}{2}(x - 8)(x - 2)$
l) $\sqrt{3}(x + \sqrt{3})(x + 1)$
m) $2a \cdot (x - \frac{3b}{a}) \cdot (x - \frac{a}{2})$
n) $(x - \frac{1}{3}t) \cdot (x + 9t)$
o) $(x + \sqrt{t}) \cdot (x - 2 \cdot \sqrt{t})$

6 a) $\dfrac{(x-5) \cdot (x+1)}{(x-1) \cdot (x+1)} = \dfrac{x-5}{x-1}$ b) $\dfrac{(x-2) \cdot (x+3)}{(x-2) \cdot (x-4)} = \dfrac{x+3}{x-4}$

c) $\dfrac{4 \cdot (x+1) \cdot (x-\frac{1}{2})}{2 \cdot (x-2) \cdot (x-\frac{1}{2})} = \dfrac{2 \cdot (x+1)}{x-2}$

7 a) $\pm 5;\ \pm 1$ b) $\pm 1;\ \pm\sqrt{2}$ c) ± 4

d) $\pm\sqrt{5}$ e) $\pm\sqrt{\tfrac{3}{2}}$ f) $\pm\sqrt{\tfrac{1}{3}}$

g) $\pm 4;\ 0$ h) $\pm 2;\ \pm\sqrt{3}$ i) $\pm\sqrt{3}$

8 $x^2 - 2ax + a^2 = 0$ $x - a^2 = 0$
$(x-a)^2 = 0$ $x = a^2$
$x_{1/2} = a$

Aus $a = a^2$ folgt
$a_1 = 1$
$a_2 = 0$

9 $(x+5)(x-3) = 345$ Die Zahlen sind 15 und 23
$x_{1/2} = \pm 18$ bzw. -15 und -23.

10 $(x-2)^2 + (x+5)^2 = (x+6)^2$
$x_1 = 7;\ x_2 = -1$

11 $x^2 - 1000 = 30x$
$x_1 = 50;\ x_2 = -20$

12 $x(34 - x) = 225$
$x_1 = 25;\ x_2 = 9$

13 $x(30 - x) = 81$
$x_1 = 27;\ x_2 = 3$

14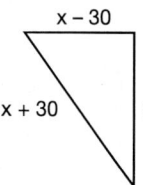

$(x-30)^2 + x^2 = (x+30)^2$
$x_1 = 120;\ x_2 = 0$

15 1. Seite a; 2. Seite b (b sei die Seite, die nur einmal eingezäunt werden muss)

$\left.\begin{array}{r} 2a + b = 60 \\ ab = 288 \end{array}\right\} \Rightarrow$ $a(60 - 2a) = 288$
                            $a_1 = 24;\ b_1 = 12$
                            $a_2 = 6;\ b_2 = 48$

16 $(x+1)^3 = x^3 + 271$
$x^3 + 3x^2 + 3x + 1 = x^3 + 271$
$x^2 + x - 90 = 0$
$x_1 = 9;\ x_2 = -10$

17 Zinssatz: p
$$50\,000 + 50\,000 \cdot \tfrac{p}{100} - 900 + (49\,100 + 50\,000 \cdot \tfrac{p}{100}) \cdot \tfrac{p}{100} - 118 = 52\,000$$
$p = 3$

18 Solange sich die Fähren nicht im Hafen treffen, spielt die 10-minütige Pause keine Rolle, da beide Boote eine gleich lange Pause machen.
Die **Verhältnisse** der zurückgelegten Strecken sind gleich, da die Boote jeweils in der gleichen Zeit gefahren sind.

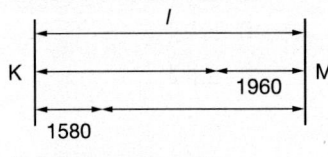

$$\frac{l - 1960}{1960} = \frac{2 \cdot l - 1580}{l + 1580}$$

Umformung führt auf $l \cdot (l - 4300) = 0$.
Die Lösungen sind $l = 0$ oder $l = 4300$.

19 Zwei Flugzeuge starten auf dem Frankfurter Flughafen zur selben Zeit auf verschiedenen Startbahnen. Eines fliegt mit 500 $\frac{\text{Meilen}}{\text{h}}$ nach Osten, das andere mit 425 $\frac{\text{Meilen}}{\text{h}}$ nach Süden.
Nach welcher Zeit beträgt die Entfernung der beiden Flugzeuge 200 Meilen?
Zeit in Stunden: t
$(500 \cdot t)^2 + (425 \cdot t)^2 = 200^2$
$\quad\quad\quad\quad\quad t^2 \approx 0{,}0929$
$\quad\quad\quad\quad\quad t \approx \pm\, 0{,}3048$
Nach 18,29 min haben die Flugzeuge 200 Meilen Abstand.

20 a) Satz 1.16
$$x_1 + x_2 = -\frac{p}{2} + \sqrt{\left(\frac{p}{2}\right)^2 - q} + \left(-\frac{p}{2} - \sqrt{\left(\frac{p}{2}\right)^2 - q}\right) = -p$$
$$x_1 \cdot x_2 = \left[-\frac{p}{2} + \sqrt{\left(\frac{p}{2}\right)^2 - q}\right] \cdot \left[-\frac{p}{2} + \sqrt{\left(\frac{p}{2}\right)^2 - q}\right]$$
$$= -\left(-\left(\frac{p}{2}\right)^2 + \left(\frac{p}{2}\right)^2 - q\right) = q$$

b) Satz 1.17
$\quad x^2 + px + q = x^2 - (x_1 + x_2) \cdot x + x_1 \cdot x_2$
$\quad\quad\quad\quad\quad\quad = (x - x_1) \cdot x - x_2 \cdot (x - x_1)$
$\quad\quad\quad\quad\quad\quad = (x - x_1) \cdot (x - x_2)$

Lehrbuch Seiten 52, 56, 57

1.6 Trigonometrie im rechtwinkligen Dreieck

1.8.1 Bezeichnungen am rechtwinkligen Dreieck

1 linkes Teildreieck: Hypotenuse b; Ankathete von α ist q, Gegenkathete h_c
rechtes Teildreieck: Hypotenuse a; Ankathete von β ist p, Gegenkathete h_c
$y_1 = 60° = \beta$; $y_2 = 30° = \alpha$

2 a) 73° b) 76,5° c) 45,73°
d) 77,9° e) 60,6° f) 26,82°

3 a) 30,29778° b) 12,855278° c) 0,155°
d) 79°36′26″ e) 22°13′12″ f) 0°27°29,24″

1.8.2 Sinus, Kosinus und Tangens eines Winkels

1 $\sin(\alpha) = \sin(37°) \approx 0{,}60$ $\sin(\beta) = \sin(53°) \approx 0{,}8$
$\cos(\alpha) = \cos(37°) \approx 0{,}8$ $\cos(\beta) = \cos(37°) \approx 0{,}60$

2 $h \approx 3{,}5 \text{ cm}$; $\tan(60°) \approx \dfrac{3{,}5 \text{ cm}}{2 \text{ cm}} = 1{,}75$; $\tan(30°) \approx 0{,}57$

3 a) 0,0872; 0,8415; 0,9854; 0,3338; 0,0488
b) 1,5574; 572,9572; 5729,5779; 1,7321; 0,2586
c) 44,9995°; 66,9261°; 0,9970°; 30°
d) 45,0005°; 3,5325°; 88,0057°; 60°
e) 9,9985°; 89,9427°; 45°; 69,1165°

4 a) $\sin(30°) = 0{,}5$; $\sin(45°) = 0{,}7072$; $\sin(60°) = 0{,}8660$;
b) $\tan(30°) = 0{,}5773$; $\tan(45°) = 1$; $\tan(60°) = 1{,}7320$

5 a) $\alpha \approx 14{,}48°$ ($\alpha \approx 1{,}43°$)
b) $\tan(\alpha) = \frac{120}{1000}$, $\alpha \approx 6{,}84°$
12% ist offenbar der Tangens des Steigungswinkels, d.h. 1% = $\frac{1}{100}$, also 1 m Steigung auf 100 m in der Waagerechten.

6 139,17 m

7 a) 1,65 m b) 1,68 m

8 47,2°

9 $h = 22{,}35$ m

10 Vereinfachung: Turm zu Beginn des Jahres senkrecht.
$\sin(\alpha) = \dfrac{1{,}37 \text{ mm}}{56\,000 \text{ mm}} \Rightarrow \alpha \approx 0{,}0014°$

11 a) Flächendiagonale: $d = \sqrt{2} \cdot a$;   Raumdiagonale: $D = \sqrt{3} \cdot a$
$\cos(\alpha) = \dfrac{a}{D} = \dfrac{1}{3} \cdot \sqrt{3} \approx 0{,}577$; $\alpha \approx 54{,}7°$.

b) Gar nicht.

12 Länge der Hypotenuse $c = \sqrt{2}a$, Kantenlängen a
$\sin(45°) = \cos(45°) = \dfrac{a}{\sqrt{2}a} = \dfrac{1}{\sqrt{2}} = \dfrac{\sqrt{2}}{2} = \dfrac{1}{2} \cdot \sqrt{2}$

1.8.3 Berechnungen am rechtwinkligen Dreieck

1 a) $a \approx 8{,}39$ cm; $c \approx 13{,}05$ cm; $\beta = 50°$
b) $\alpha \approx 41{,}810°$; $\beta \approx 48{,}19°$; $a \approx 13{,}42$ cm; $c \approx 20{,}12$ cm
c) $\alpha \approx 36{,}87°$; $\beta \approx 53{,}13°$; $c = 5{,}0$ cm
d) $a \approx 1{,}04$ cm; $b \approx 5{,}91$ cm; $\beta = 80°$

2 a) $a \approx 5{,}77$ cm $(9{,}24$ cm$)$; Flächeninhalt $A \approx 14{,}43$ cm^2 $(36{,}96$ cm$^2)$
b) Länge der Schenkel $b = 8{,}9$ m; Basiswinkel $\alpha \approx 66{,}14°$; $h \approx 8{,}14$ m; $A \approx 29{,}3$ m^2
$(17{,}5$ m; $\alpha \approx 73{,}4°$; $h \approx 16{,}77$ m; $A \approx 83{,}85$ m$^2)$

3 a) Seitenlänge $s \approx 6{,}84$ cm ($h \approx 9{,}4$ cm)   b) $A \approx 289{,}33$ cm^2

4 Winkel γ an der Spitze: $\gamma \approx 38{,}66°$;
Basiswinkel α: $\alpha \approx 70{,}67°$.

a) $\dfrac{r_i}{c/2} = \tan\left(\dfrac{\alpha}{2}\right)$; $\alpha \approx 70{,}67°$; $r_i \approx 9{,}93$ cm

b) $\dfrac{a/2}{r} = \cos\left(\dfrac{\gamma}{2}\right)$; $\gamma \approx 38{,}66°$; $r \approx 22{,}41$ cm

5 a) $54{,}7356°$ b) $35{,}2644°$

6 a) $7{,}74$ m^3 b) $20{,}73$ m^2

7 (Höhe $h \approx 0{,}55$ m) $V \approx 0{,}32$ m^3; $A \approx 1{,}88$ m^2

8 $\dfrac{1{,}70 \text{ m}}{\text{Entfernung } e} = \tan(2°)$; $e \approx 48{,}68$ m; $h \approx 43{,}83$ m $+ 1{,}70$ m $= 45{,}53$ m

9 (Entfernung $e \approx 41{,}88$ m)   Höhe $h \approx 70{,}23$ m

10 (Höhe des Turms $h \approx 27{,}76$ m) $b \approx 54{,}97$ m

11 $\sin(\alpha) = \dfrac{400 \text{ m}}{900 \text{ m}}$; $\alpha \approx 26{,}39°$; $\tan(\alpha) = \dfrac{h + 400 \text{ m}}{900 \text{ m}}$; $h \approx 46{,}6$ m

12

$$\frac{230 \text{ m}}{e} = \tan(35{,}3°); \quad e \approx 324{,}840 \text{ m}$$

$$\frac{h + 230 \text{ m}}{50 \text{ m} + 324{,}840 \text{ m}} \approx \tan(34{,}9°); \quad h \approx 31{,}49 \text{ m}$$

13 In 328 km Höhe $\left(\frac{r}{h+r} = \sin(18°)\right)$.

14 a) 4179,1 km

b) $\frac{26\,258{,}1 \text{ km}}{300 \text{ km/h}} = 87{,}5 \text{ h}$

c) $\frac{26\,258{,}1 \text{ km}}{24 \text{ h}} = 1094{,}1 \frac{\text{km}}{\text{h}} = 304 \frac{\text{m}}{\text{s}}$

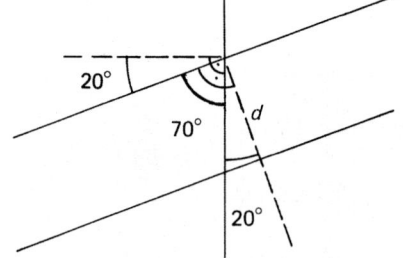

15

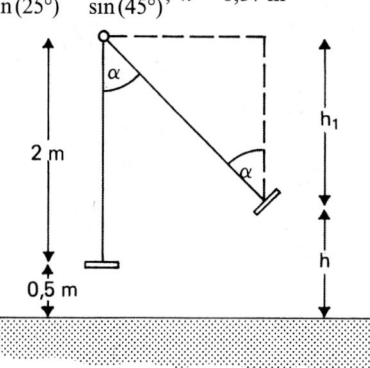

$\cos(20°) = \dfrac{d}{43 \text{ m}}$

$d \approx 43 \text{ m} \cdot 0{,}94 = 40{,}4 \text{ m}$

16 $\dfrac{5 \text{ m}}{\sin(25°)} = \dfrac{h}{\sin(45°)}; \quad h \approx 8{,}37 \text{ m}$

17

a) $\dfrac{h_1}{2 \text{ m}} = \cos(\alpha)$

$h_1 \approx 1{,}73 \text{ m}; \quad h \approx 0{,}77 \text{ m}$

b) $h \approx 1 \text{ m} \Rightarrow h_1 \approx 1{,}5 \text{ m}$

$\dfrac{1{,}5 \text{ m}}{2 \text{ m}} = \cos(\alpha); \quad \alpha \approx 41{,}41°$

18 a) $h = b \cdot \sin(\alpha); \quad h = a \cdot \sin(\beta)$

b) $\dfrac{\sin(\alpha)}{\sin(\beta)} = \dfrac{a}{b}$

c) α) $\sin(\alpha) = \frac{a}{b} \cdot \sin(\beta)$; $\alpha \approx 66{,}091°$; $\gamma = 180° - \alpha - \beta \approx 66{,}909°$;

$\frac{c}{b} = \frac{\sin(\gamma)}{\sin(\beta)}$; $c \approx 10{,}062$ cm

β) $\alpha \approx 29{,}930°$; $\beta \approx 77{,}070°$; $b \approx 23{,}441$ cm
γ) $\gamma = 66°$; $a \approx 17{,}6$ cm; $c \approx 17{,}89$ cm
δ) $\beta = 105°$; $a \approx 38{,}57$ cm; $b \approx 41{,}81$ cm
ε) $\beta = 40°$; $a \approx 7{,}71$ cm; $b \approx 5{,}73$ cm; $c \approx 8{,}77$
d) 37,65 m
e) $h = b \cdot \sin(\alpha)$; $p = b \cdot \cos(\alpha)$
In $h^2 + (c - p)^2 = a^2$ eingesetzt, ergibt sich:
$b^2 \cdot \sin^2(\alpha) + c^2 - 2bc \cdot \cos(\alpha) + b^2 \cdot \cos^2(\alpha) = a^2$
$b^2 + c^2 - 2bc \cdot \cos(\alpha) = a^2$

19 a) $s = 8\frac{\text{km}}{\text{h}} \cdot 1{,}5\,\text{h} = 12$ km

$\overline{SB} = 17{,}44$ km mit Kosinussatz

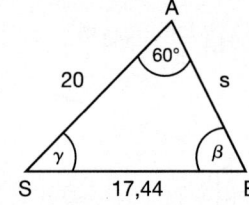

$\frac{\sin(\beta)}{20} = \frac{\sin(60°)}{17{,}44}$

$\beta \approx 83{,}3°$

b) Geschwindigkeit von S nach A: $v_1 = \frac{20\,\text{km}}{1{,}5\,\text{h}} = 13{,}\overline{3}\,\frac{\text{km}}{\text{h}}$

Geschwindigkeit von B nach S: $v_2 = \frac{17{,}44\,\text{km}}{2\,\text{h}} \approx 8{,}7\,\frac{\text{km}}{\text{h}}$

c) $\gamma = 36{,}7°$

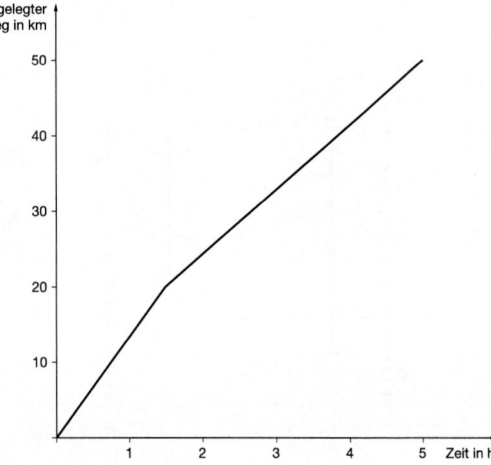

$s(t) = \begin{cases} 13{,}\overline{3}\,\frac{\text{km}}{\text{h}} \cdot t & \text{für } 0\ \text{h} \leq t \leq 1{,}5\,\text{h} \\ 8\,\frac{\text{km}}{\text{h}} \cdot t + 8\,\text{km} & \text{für } 1{,}5\,\text{h} < t < 3\,\text{h} \\ 8{,}7\,\frac{\text{km}}{\text{h}} \cdot t + 5{,}9\,\text{km} & \text{für } 3\ \text{h} \leq t \leq 5\,\text{h} \end{cases}$

d) Kosinussatz:

$$y^2 = (20 \text{ km})^2 + \left(8\frac{\text{km}}{\text{h}} \cdot t - 12 \text{ km}\right)^2$$
$$- 2 \cdot 20 \text{ km} \cdot \left(8\frac{\text{km}}{\text{h}} \cdot t - 12 \text{ km}\right) \cdot \cos(60°)$$

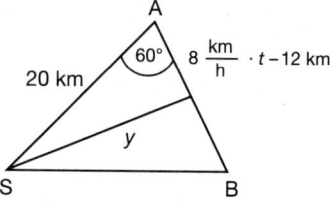

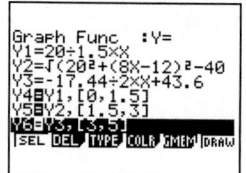

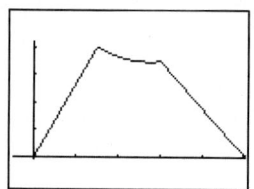

1.8.4 Wichtige Formeln der Trigonometrie

1 a) $\dfrac{\sin(\alpha)}{\cos(\alpha)} = \tan(\alpha)$

b) $\dfrac{\sin^2(\alpha) \cdot (1 - \sin^2(\alpha))}{\cos^2(\alpha) \cdot (1 - \cos^2(\alpha))} = 1$

c) $\dfrac{1 - \sin^2(\alpha)}{\cos^2(\alpha)} = 1$

d) $\sqrt{\dfrac{\sin(\alpha) \cdot \cos(\alpha) \cdot \cos(\alpha)}{\sin(\alpha)}} = |\cos(\alpha)|$

e) $\dfrac{\sin(\alpha)}{\cos(\alpha)} - \dfrac{\sin(\alpha)}{\cos(\alpha)} = 0$

f) $\sqrt{1 - \cos^2(\alpha)} = |\sin(\alpha)|$

2 $\tan(\alpha) = 1 \Rightarrow \dfrac{\sin(\alpha)}{\sqrt{1 - \sin^2(\alpha)}} = 1 \Rightarrow \sin^2(\alpha) = 1 - \sin^2(\alpha)$

$\Rightarrow \sin(\alpha) = (\overset{+}{-})\dfrac{1}{\sqrt{2}} \approx 0{,}707; \quad \cos(\alpha) = \sqrt{1 - \sin^2(\alpha)} \approx 0{,}707$

$\left(\tan(\alpha) = x \Rightarrow \dfrac{\sin(\alpha)}{\sqrt{1 - \sin^2(\alpha)}} = x \Rightarrow \sin^2(\alpha) = x^2 - x^2 \cdot \sin^2(\alpha)\right.$

$\left.\Rightarrow \sin(\alpha) = \sqrt{\dfrac{x^2}{1 + x^2}}; \quad \cos(\alpha) = \sqrt{1 - \sin^2(\alpha)} = \sqrt{\dfrac{1}{1 + x^2}}\right)$

3 $\cos(27°) = \sin(63°) \approx 0{,}891; \quad \sin(90° - \beta) = \cos(\beta) \approx 0{,}989;$
$\sin^2(63°) + \cos^2(63°) = 1$

2 Funktionen

2.1 Grundlagen

1 Keine Funktion: Bei a) und b) werden x-Werten mehrere y-Werte zugeordnet.
Funktion: c) und d)
a) $W = [-4; 4]$
b) $W = \{-2\} \cup [1; 3,4]$
c) $W = \{-\frac{1}{2}; 0; \frac{1}{2}; 1; \frac{3}{2}; 2; \frac{5}{2}; 3; \frac{7}{2}; 4; \frac{9}{2}\}$.
d) $W = [-\frac{1}{2}; 4]$

2 a) $f(-7) = -17$, also nein;
$f(-3) = -9$, also ja;
$f(2) = 1$, also ja.
b) $f(0) = -2$, also ja;
$f(3) = 4$, also nein;
$f(4) = 14$, also ja.

3

x	a)	b)	c)	d)
2	11	-4	$\frac{7}{5}$	$3t$
0	3	-2	3	$-t$
-5	-17	-32	$\frac{14}{13}$	$-11t$
a	$4a + 3$	$-a^2 + a - 2$	$\frac{a^2 + 3}{a^2 + 1}$	$2at - t$
$\frac{1-a}{2}$	$5 - 2a$	$-\frac{a^2 + 7}{4}$	$\frac{13 - 2a + a^2}{5 - 2a + a^2}$	$-ta$
$7t$	$28t + 3$	$-49t^2 + 7t - 2$	$\frac{49t^2 + 3}{49t^2 + 1}$	$14t^2 - t$
1	7	-2	2	t
$4a$	$16a + 3$	$-16a^2 + 4a - 2$	$\frac{16a^2 + 3}{16a^2 + 1}$	$8ta - t$
$a + 2$	$4a + 11$	$-a^2 - 3a - 4$	$\frac{a^2 + 4a + 7}{a^2 + 4a + 5}$	$4ta + 3t$

4 a) $\boxed{\dfrac{f(x) + 1}{3} = x^2}$

$f(x) = -2:\quad \dfrac{-2 + 1}{3} = x^2$

$-\frac{1}{3} = x^2$

unlösbar, d.h. -2 ist kein Funktionswert.

$f(x) = -1$: $\dfrac{-1+1}{3} = x^2$

$0 = x^2$

$x = 0$

An der Stelle $x = 0$ hat die Funktion den Funktionswert -1.

$f(x) = -\frac{1}{2}$: $\dfrac{-\frac{1}{2}+1}{3} = x^2$

$\dfrac{1}{6} = x^2$

$x_{1/2} = \pm\sqrt{\frac{1}{6}}$

An den Stellen $x_{1/2} = \pm\sqrt{\frac{1}{6}}$ hat die Funktion den Funktionswert $-\frac{1}{2}$.

b) $\boxed{\dfrac{1}{f(x)} = x}$

$f(x) = -1$: $\quad -1 = x \;\Rightarrow\; f(-1) = -1$

$f(x) = 0$: $\quad \frac{1}{0} = x \;\Rightarrow\;$ 0 ist kein Funktionswert.

$f(x) = \frac{1}{2}$: $\quad 2 = x \;\Rightarrow\; f(2) = \frac{1}{2}$

$f(x) = 3$: $\quad \frac{1}{3} = x \;\Rightarrow\; f(\frac{1}{3}) = 3$

5 a) $y = 2x - 3 \;\Leftrightarrow\; x = \dfrac{y+3}{2}$

x	-7	$-\frac{5}{2}$	-2	$-\frac{5}{4}$	0	$\frac{1}{2}$	1	3	$\frac{7}{2}$	6
y	-17	-8	-7	$-\frac{11}{2}$	-3	-2	-1	3	4	9

b) $y = \frac{1}{2}x + \frac{3}{2} \;\Leftrightarrow\; x = 2y - 3$

x	-3	$-\frac{9}{4}$	$-\frac{3}{2}$	$-\frac{3}{4}$	0	$\frac{3}{8}$	2	3	$\frac{7}{2}$	4
y	0	$\frac{3}{8}$	$\frac{3}{4}$	$\frac{9}{8}$	$\frac{3}{2}$	$\frac{27}{16}$	$\frac{5}{2}$	3	$\frac{13}{4}$	$\frac{7}{2}$

c) $y = 6x + 2 \;\Leftrightarrow\; x = \dfrac{y-2}{6}$

x	-5	-3	$-\frac{5}{2}$	-1	$-\frac{1}{4}$	$\frac{1}{8}$	2	$\frac{17}{6}$
y	-28	-16	-13	-4	$\frac{1}{2}$	$\frac{11}{4}$	14	19

d) $f(x) = \dfrac{2x-1}{3x-2} \;\Leftrightarrow\; x = \dfrac{2y-1}{3y-2}$

x	-2	$\frac{7}{9}$	$-\frac{1}{2}$	0	$\frac{1}{2}$	$\frac{7}{12}$	3	4
$f(x)$	$\frac{5}{8}$	$\frac{5}{3}$	$\frac{4}{7}$	$\frac{1}{2}$	0	$-\frac{2}{3}$	$\frac{5}{7}$	$\frac{7}{10}$

6

x	-3	-2	$-0,5$	0	0,8	1,3	2	3
a)	2,4	1,3	2,2	2,5	2,9	2,9	2,7	1,8
b)	0,1	$-2,3$	$-3,4$	$-3,4$	$-2,8$	$-1,8$	$-0,6$	1,0

7 a) $D = \mathbb{R}$
  b) $D = \mathbb{R}^*$
  c) $D = \mathbb{R}$
  d) $D = \mathbb{R}\setminus\{-1; 1\}$
  e) $D = [-4; \infty[= \{x | x \in \mathbb{R} \wedge x \geq -4\}$
  f) $D = \,]-3; 1]$

8 a) $D = [-1; 3]$
  b) $D = [-2; \frac{14}{3}]$
  c) $D = \{-3; -\frac{1}{2}; 0; 1; 3; \frac{7}{2}\}$
  d) $D = \mathbb{R}\setminus\{-1\}$
  e) $D_1 = [-\sqrt{6}; -\sqrt{2}]$ oder
     $D_2 = [\sqrt{2}; \sqrt{6}]$ oder
     Kombinationen von D_1 und D_2.
  f) $D = \mathbb{R}^*_+$

9 a) $W = \mathbb{R}$
  b) $W = \,]-\infty; 6[$
  c) $W = \{-6; -10; -14; -18; -22\}$
  d) $W = \mathbb{R}_+$
  e) $W = [-2; \infty[$
  f) $W = \{-1; 2; \frac{1}{2}; \frac{1}{3}; \frac{4}{13}\}$

10 Schnittpunkte x-Achse:
  a) (16/0)
  b) (2,5/0)
  c) (1,1/0)
  d) (8,5/0)
  e) ($-0,3$/0)
  f) ($-0,8$/0), ($-0,7$/0)
  g) (-1/0)
  h) (-1/0)

  Schnittpunkte y-Achse:
  a) (0/-8)
  b) (0/10)
  c) (0/-21)
  d) (0/1,5)
  e) (0/5)
  f) (0/6)
  g) (0/0,9)
  h) (0/$-0,3$)

2.2 Lineare Funktionen

1 a) x: Temperatur in °C
   y: Temperatur in °F
   $P_1(0°C/32°F)$; $P_2(100°C/212°F)$
   $$\frac{y - 32°F}{x - 0°C} = \frac{212°F - 32°F}{100°C - 0°C}$$
   $$y = \frac{9}{5}\frac{°F}{°C}x + 32°F$$

b) x: Temperatur in °F
   y: Temperatur in °C
   $P_1(32°F/0°C)$; $P_2(212°F/100°C)$
   $$\frac{y - 0°C}{x - 32°F} = \frac{100°C - 0°C}{212°F - 32°F}$$
   $$y = \frac{5}{9}\frac{°C}{°F}x - \frac{160}{9}°C$$

2 x: Umsatz
    y: Gehalt
   a) $3500 = \frac{5}{100}x + 800$
      $x = 54000$
   b) $y = \frac{1}{20}x + 800$

3 a) € → SFr
      $y = 1{,}551 \cdot x$
      SFr → €
      $y = 0{,}6447 \cdot x$
   b) € → SFr
      $y = 1{,}551 \cdot (x - 2) = 1{,}551x - 3{,}102$
      SFr → €
      $y = 0{,}6447 \cdot (x - 3) = 0{,}6447x - 1{,}9341$

2.3 Schaubild einer linearen Funktion

1 a) $f(x) = 2x + 3$
   b) $f(x) = -3x + 7$
   c) $f(x) = \frac{3}{5}x + 1$
   d) $f(x) = -\frac{5}{7}x + \frac{15}{7}$
   e) $f(x) = -\frac{3}{4}x + 3$
   f) $f(x) = \frac{10}{11}x + \frac{18}{11}$
   g) $f(x) = -2x + 6$
   h) $f(x) = -\frac{2}{5}x + 3$
   i) $f(x) = \frac{3}{2}x - \frac{1}{2}$
   j) $f(x) = 2$
   k) $f(x) = \frac{5}{3}x - \frac{1}{3}$
   l) $f(x) = 3x - 7$

2 a) $d = \sqrt{20} \approx 4{,}47$; $M(2/4)$
   b) $d = \sqrt{53} \approx 7{,}28$; $M(1{,}5/0)$
   c) $d \approx 0{,}42$; $M(\frac{19}{56}/\frac{5}{16})$ bzw. $M(0{,}34/0{,}31)$
   d) $d = \sqrt{41} \approx 6{,}40$; $M(0{,}5/-1)$
   e) $B(5/6)$; $d = \sqrt{8} \approx 2{,}83$
   f) $A(-2/-3)$; $d = \sqrt{20} \approx 4{,}47$

3 a) $M(5/7{,}5)$
      $d = 5$
   b) $M(2{,}5/5)$
      $d \approx 6{,}71$
   c) $M(-0{,}5/-1{,}5)$
      $d \approx 7{,}07$
   d) $M(-3/-3)$
      $d = 4$

4 $x_M = \dfrac{x_1 + x_2}{2}$ $\qquad y_M = \dfrac{y_1 + y_2}{2}$

 $x_2 = 2x_M - x_1 \qquad y_2 = 2y_M - y_1$

 $x_2 = 2 + 2 = 4 \qquad y_2 = 2 + 1 = 3$

5 a) $g(x) = 2x + 2$

 b) $S(-1/0)$

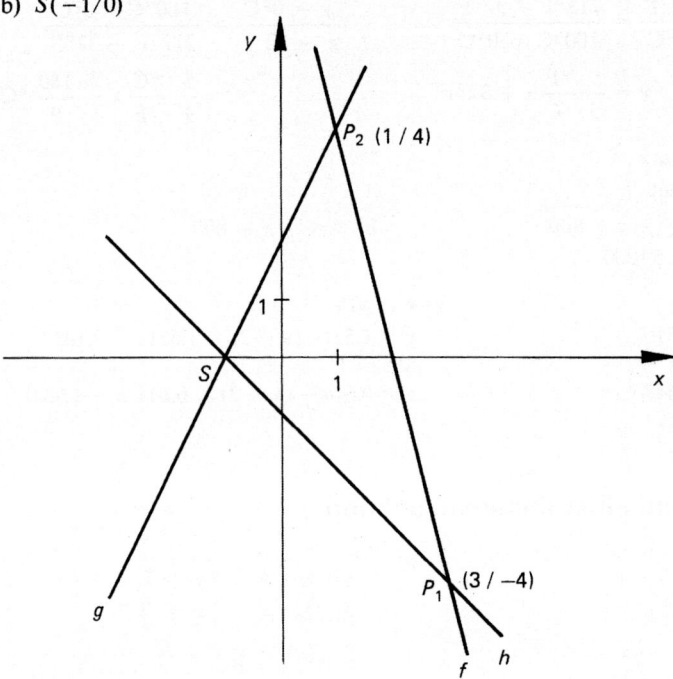

c) $h(3) = -4$

d) $\dfrac{y - 4}{x - 1} = \dfrac{-4 - 4}{3 - 1}$

$\quad y = -4x + 8$

$\; f(x) = -4x + 8$

e) $d = \overline{P_1 P_2} = \sqrt{(1 - 3)^2 + (4 + 4)^2} \approx 8{,}25$

6 a) Seitenhalbierende der Seite $\overline{AB}$:
$M_{\overline{AB}}(2,5/0,5)$

$$\frac{y-2}{x-5} = \frac{0,5-2}{2,5-5}$$

$$y = \tfrac{3}{5}x - 1$$

Schnitt: $1 = \tfrac{3}{5}x - 1$
$x = \tfrac{10}{3}$

$S(\tfrac{10}{3}/1)$

Seitenhalbierende der Seite $\overline{BC}$:
$M_{\overline{BC}}(4,5/1)$

$$\frac{y-1}{x-1} = \frac{1-1}{4,5-1}$$

$$y = 1$$

b) $\left.\begin{array}{l}\overline{AS} = \tfrac{7}{3} \\ \overline{SM_{BC}} = \tfrac{7}{6}\end{array}\right\} \Rightarrow \dfrac{\overline{AS}}{\overline{SM_{BC}}} = \dfrac{2}{1}$

c) Umkreismittelpunkt $U(\tfrac{41}{14}/\tfrac{25}{14})$, Höhenschnittpunkt $H(\tfrac{29}{7}/-\tfrac{4}{7})$,
Euler'sche Gerade $y = -\tfrac{33}{17}x + \tfrac{127}{17}$

7
$\qquad y = mx + b \qquad\qquad\qquad\qquad x = c$
$\Leftrightarrow mx - y + b = 0 \qquad\qquad\qquad \Leftrightarrow x - c = 0$
$A = m;\ B = -1;\ C = b \qquad\qquad A = 1;\ B = 0;\ C = -c$

8 Ja, Bruch mit -1 erweitern.

2.4 Achsenschnittpunkte

1 a) $N(\tfrac{1}{2}/0),\ S(0/-1)$ b) $N(3/0),\ S(0/-9)$ c) $N(\tfrac{3}{5}/0),\ S(0/-\tfrac{1}{5})$
d) $N(\tfrac{5}{14}/0),\ S(0/\tfrac{1}{7})$ e) $N(\tfrac{2}{3}/0),\ S(0/2)$ f) $N(\tfrac{2}{3}/0),\ S(0/-1)$
g) $N(2/0),\ -$ h) $N(0/0),\ S(0/0)$ i) $N(1/0),\ S(0/-\tfrac{1}{3})$

2 a) $A(0/5);\ B(2,5/0)$ $\qquad\qquad (A(0/2);\ B(4/0))$
b) $d = \sqrt{31,25} \approx 5,59;\ M(1,25/2,5)$
$\ (d = \sqrt{20} \approx 4,47;\ M(2/1))$
c) $6,25$ $\qquad\qquad (4)$

2.5 Schnittpunkte von Geraden

1 a) $S(2/5)$ b) $S(-1/2)$ c) $S(-3/1)$
d) $S(\tfrac{1}{2}/-2)$ e) $S(-3/-3)$

2 $f_1(x) = f_2(x) \Rightarrow S(\tfrac{3}{7}/-\tfrac{11}{14})$
$f_3(\tfrac{3}{7}) = -\tfrac{11}{14} \Rightarrow m = \tfrac{17}{6}$

3 $f(x) \geq g(x)$
$x \geq 8$

Bei einer Mietdauer von weniger als acht Tagen ist das erste Angebot günstiger, bei einer Mietdauer von mehr als acht Tagen ist das zweite Angebot günstiger. Bei einer Mietdauer von acht Tagen sind beide Angebote gleich günstig.

4 a) $K_1(x) = 0{,}25x + 2{,}6$
$K_2(x) = 0{,}13x + 5$ $\quad x \in \mathbb{R}_+$
$K_3(x) = 0{,}05x + 10$

b)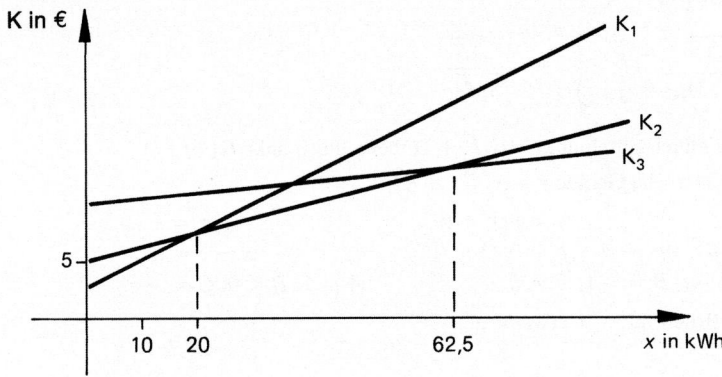

c), d) Bei einem Verbrauch
- bis 20 kWh ist Tarif 1 am günstigsten;
- von 20 kWh bis 62,5 kWh ist Tarif 2 am günstigsten;
- über 62,5 kWh ist Tarif 3 am günstigsten.

5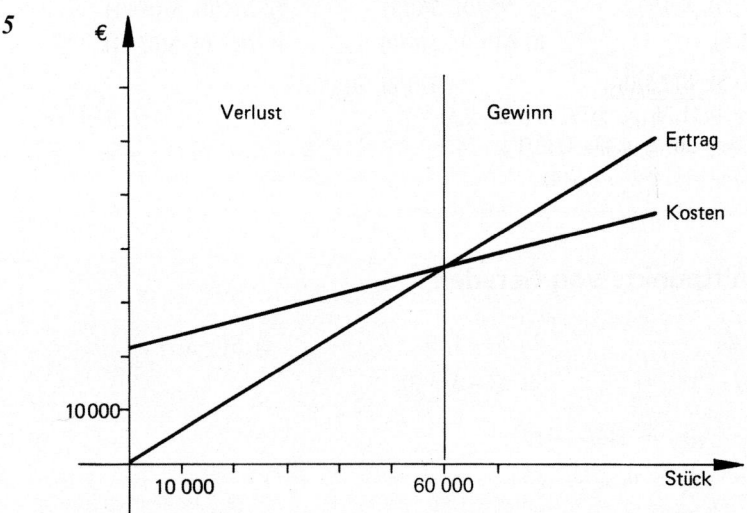

Ertrag: $E(x) = 0{,}65\,x$
Kosten: $K(x) = 0{,}3\,x + 21\,000$
$$E(x) = K(x)$$
$$x = 60\,000$$

Die Firma muss mindestens 60 000 Packungen Weißbrot verkaufen, damit sie keinen Verlust erleidet.

6 Grafik vgl. Aufgabe 5.
Ertrag: $E(x) = 0{,}50\,x$
Kosten: $K(x) = 0{,}12\,x + 95$
$$E(x) = K(x)$$
$$x = 250$$

Es müssen mindestens 250 Eiskugeln pro Tag verkauft werden.

7 a)

	Benzin	Diesel
variable Kosten	$\frac{6{,}8}{100} \cdot 30\,000 \cdot 1{,}40$ EUR $= 2856{,}00$ EUR	$\frac{5{,}3}{100} \cdot 30\,000 \cdot 1{,}10$ EUR $= 1749{,}00$ EUR
Festkosten	2 292,40 EUR	2 770,80 EUR
Gesamtkosten Ersparnis	5 148,40 EUR 628,60 EUR	4 519,80 EUR

b) $K_B(x) = \frac{6{,}8}{100} \cdot 1{,}40 \cdot x + 2292{,}40 = 0{,}0952\,x + 2292{,}40$

$K_D(x) = \frac{5{,}3}{100} \cdot 1{,}10 \cdot x + 2770{,}80 = 0{,}0583\,x + 2770{,}80$

$$K_B(x) > K_D(x)$$
$$x > 12964{,}8 \text{ (km)}$$

c) Preisunterschied: 1 404 EUR,
jährliche Ersparnis: 628,60 EUR,
Ausgleich nach 2,23 Jahren.

d) $20\,129 - 2012{,}9 \cdot n - (18\,725 - 1872{,}5 \cdot n) = 628{,}6 \cdot n$
$$1404 - 140{,}4 \cdot n = 628{,}6 \cdot n$$
$$n = 1{,}83$$

Ausgleich bereits nach 1,83 Jahren.

8

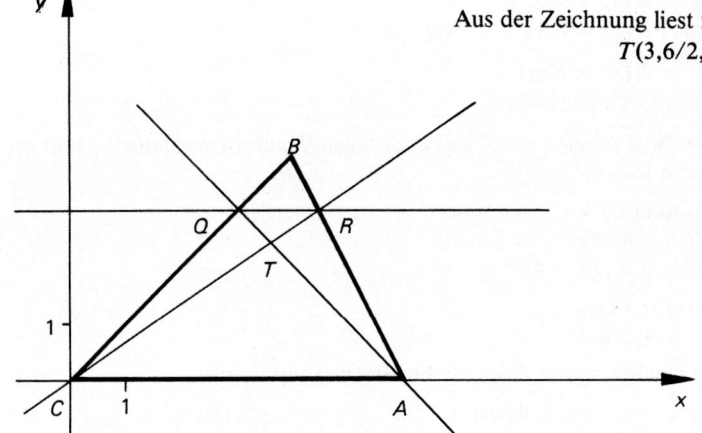

Aus der Zeichnung liest man ab:
$T(3,6/2,4)$

Gleichung der Geraden f_1, auf der die Dreiecksseite $\overline{AB}$ liegt.
$$\frac{y-0}{x-6} = \frac{4-0}{4-6}$$
$$f_1: y = -2x + 12$$

Schnitt von f_1 und g:
$$-2x + 12 = 3$$
$$x = 4{,}5$$
$$R(4{,}5/3)$$

Entsprechend findet man: $Q(3/3)$.

Gleichung von CR:
$$\frac{y-0}{x-0} = \frac{3-0}{4{,}5-0}$$
$$y = \tfrac{2}{3}x$$

Gleichung von AQ:
$$\frac{y-0}{x-6} = \frac{3-0}{3-6}$$
$$y = -x + 6$$

Schnitt von CR und AQ:
$$\tfrac{2}{3}x = -x + 6$$
$$T(\tfrac{18}{5}/\tfrac{12}{5})$$

2.6 Lage von zwei Geraden

1 Die Geraden mit den Steigungen
m_1 und m_6;
m_3 und m_7;
m_4 und m_8.

2 a) senkrecht

$$4a = -\frac{3+a}{2}$$

$$a = -\frac{1}{3}$$

parallel

$$4a = \frac{2}{3+a}$$

$$a \approx 0{,}158 \text{ oder } a \approx -3{,}158$$

b) $a - 2 = -\frac{a-11}{5}$

$a = 3{,}5$

$\frac{5}{a-11} = a - 2$

$a \approx 11{,}525 \text{ oder } a \approx 1{,}475$

3 $y = 2x + 5$

4 a) $BC: y = -\frac{4}{3}x + 4$

$m_{AC} = -\frac{1}{m_{BC}} = \frac{3}{4}$

$AC: y = \frac{3}{4}x + 4$

$A(-\frac{16}{3}/0)$

Fläche: $F = \frac{1}{2} \cdot (3 + \frac{16}{3}) \cdot 4 = \frac{50}{3}$

b) $BC: y = \frac{5}{8}x - 5$

$m_{AC} = -\frac{1}{m_{BC}} = -\frac{8}{5}$

$AC: y = -\frac{8}{5}x - 5$

$A(-\frac{25}{8}/0)$

Fläche: $F = \frac{1}{2} \cdot (8 + \frac{25}{8}) \cdot 5 = \frac{445}{16} = 27{,}8125$

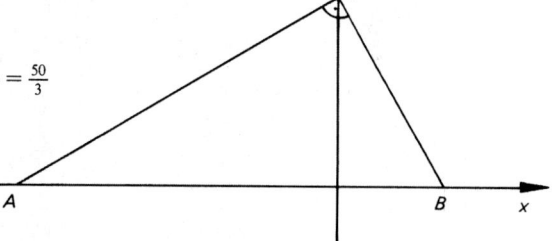

5 a) $U(\frac{1}{2}/-\frac{1}{2})$

Mitte von $\overline{AB}$:

$x_M = \dfrac{x_A + x_B}{2} = 1$

$y_M = \dfrac{y_A + y_B}{2} = -2$

$M_{\overline{AB}}(1/-2)$

Steigung der Geraden durch A und B:

$m_{AB} = \dfrac{y_B - y_A}{x_B - x_A} = \dfrac{1}{3}$

Steigung der Mittelsenkrechten von $\overline{AB}$:
$m = -3$

Gleichung der Mittelsenkrechten von $\overline{AB}$:

$$\dfrac{y+2}{x-1} = -3$$

$$y = -3x + 1$$

Mitte von $\overline{BC}$: $M_{\overline{BC}}(2{,}5/1)$

Steigung der Geraden durch B und C:

$m_{BC} = -\dfrac{4}{3}$

Steigung der Mittelsenkrechten: $m = \dfrac{3}{4}$

Gleichung der Mittelsenkrechten von $\overline{BC}$:

$y = \dfrac{3}{4}x - \dfrac{7}{8}$

Schnitt: $-3x + 1 = \dfrac{3}{4}x - \dfrac{7}{8}$

$x = \dfrac{1}{2}$

$y = -\dfrac{1}{2}$

$U(\dfrac{1}{2}/-\dfrac{1}{2})$

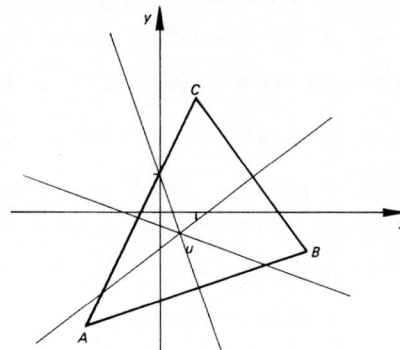

b) $U(-0{,}9/-4{,}2)$

Mitte von $\overline{AC}$: $M_{\overline{AC}}(\dfrac{3}{2}/\dfrac{3}{2})$

Steigung der Geraden durch A und C: $m_{AC} = -\dfrac{3}{7}$

Steigung der Mittelsenkrechten: $m = \dfrac{7}{3}$

Gleichung der Mittelsenkrechten von $\overline{AC}$:

$y = \dfrac{7}{3}x - 2$

Mitte von $\overline{BC}$: $M_{\overline{BC}}(\dfrac{11}{2}/-1)$

Steigung der Geraden durch B und C: $m_{BC} = -2$

Steigung der Mittelsenkrechten: $m = \dfrac{1}{2}$

Gleichung der Mittelsenkrechten von $\overline{BC}$: $y = \dfrac{1}{2}x - \dfrac{15}{4}$

Schnitt: $\dfrac{7}{3}x - 2 = \dfrac{1}{2}x - \dfrac{15}{4}$

$x = -\dfrac{21}{22} \approx -0{,}95$

$y = -\dfrac{93}{22} \approx -4{,}2$

$U(-\dfrac{21}{22}/-\dfrac{93}{22})$

6 $h_c : x = 5$
$h_a : y = \frac{1}{4}x - \frac{1}{2}$
$h_b : y = -\frac{3}{4}x + \frac{9}{2}$
$H(5/\frac{3}{4})$

7 Lösung durch Vergleich von Steigung und y-Achsenabschnitt!
Genau einen gemeinsamen Punkt:

a) $a + 1 \neq -1$
$a \neq -2$
$a \in \mathbb{R} \setminus \{-2\}$

b) $a \neq \frac{a+3}{a-1} \Rightarrow a \neq 3 \wedge a \neq -1$
$a \in \mathbb{R} \setminus \{-1; 1; 3\}$

Keinen gemeinsamen Punkt:

a) $a = -2$

b) $a = \frac{a+3}{a-1} \wedge a \neq 3$
$a \in \{-1\}$

Unendlich viele gemeinsame Punkte:

a) nicht möglich

b) $a = \frac{a+3}{a-1} \wedge a = 3$
$a \in \{3\}$

2.7 Geradenscharen

1 a) $g(x) = \frac{1}{2}x + t$

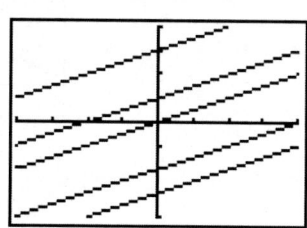

b) $g(x) = tx - 1$

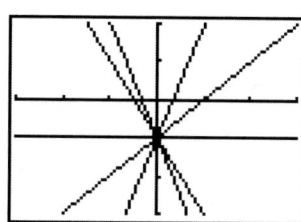

c) $g_{-3}(x) = -3x + 7$
$g_{-2}(x) = -2x + 5$
$g_0(x) = 1$
$g_1(x) = x - 1$
$g_3(x) = 3x - 5$

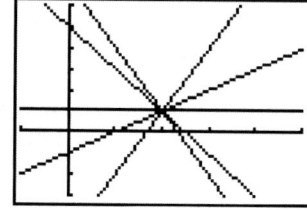

d) $g_{-3}(x) = -3x - \frac{9}{2}$ $g_1(x) = x - \frac{1}{2}$
   $g_{-2}(x) = -2x - 2$ $g_3(x) = 3x - \frac{9}{2}$
   $g_0(x) = 0$

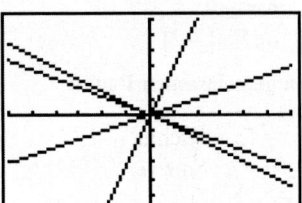

e) $g_{-3}(x) = -\frac{3}{4}x$ $g_1(x) = \frac{1}{2}x$
   $g_{-2}(x) = -\frac{4}{7}x$ $g_3(x) = 3x$
   $g_0(x) = 0$

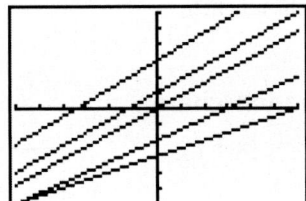

f) $g_{-3}(x) = \frac{1}{2}x - 3$ $g_1(x) = \frac{5}{6}x + 1$
   $g_{-2}(x) = \frac{2}{3}x - 2$ $g_3(x) = \frac{7}{8}x + 3$
   $g_0(x) = \frac{4}{5}x$

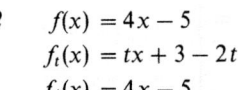

2 $f(x) = 4x - 5$
    $f_t(x) = tx + 3 - 2t$
    $f_4(x) = 4x - 5$
    $f_3(x) = 3x - 3$
    $f_1(x) = x + 1$
    $f_0(x) = 3$
    $f_{-1}(x) = -x + 5$
    $f_{-2}(x) = -2x + 7$

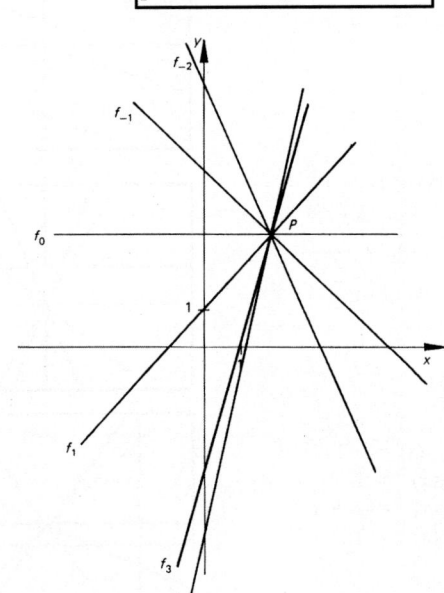

3 a) $f_t(x) = 2x + t;\ t \in \mathbb{R}$ b) $f_t(x) = -\frac{1}{2}x + t;\ t \in \mathbb{R}$

c) $f_t(x) = -3x + t;\ t \in \mathbb{R}$ d) $f_t(x) = \frac{1}{2}x + t;\ t \in \mathbb{R}$

e) $f_t(x) = tx - 3t - 1;\ t \in \mathbb{R}$ f) $f_t(x) = tx + t + 3;\ -\frac{3}{5} < t < 0$

g) $f_t(x) = tx + 2t - 4;\ t < 5$ h) $U(3/2); f_t(x) = tx - 3t + 2;\ t \in \mathbb{R}$

i) $AB: y = -x + 3$
Parallele durch $C: y = -x + 4$
$f_t(x) = -x + t;\ 3 < t < 4$

4 $-x + 1 = -2x + 2$
$\Rightarrow S(1/0)$
$x = 1$ in die Gleichung der **Geradenschar** eingesetzt, ergibt $y = 0$.
Unabhängig von t verlaufen die Geraden durch $S(1/0)$.

5 a)

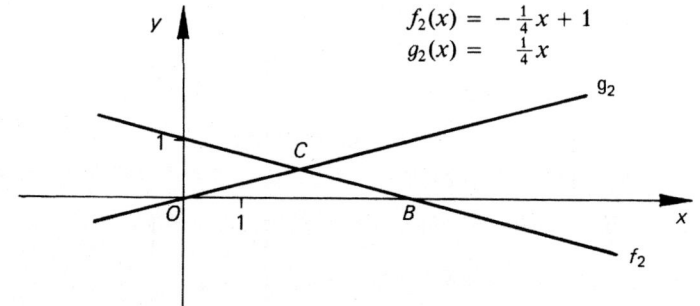

$f_2(x) = -\frac{1}{4}x + 1$
$g_2(x) = \frac{1}{4}x$

b) $f_2(x) = g_2(x)$ $f_2(x) = 0$
$x = 2$ $x = 4$
$C(2/\frac{1}{2})$ $B(4/0)$
$A = \frac{1}{2} \cdot 4 \cdot \frac{1}{2} = 1$

c) $f_a(x) = g_a(x)$ $f_a(x) = 0$
$x = a$ $x = 2a$
$g_a(a) = \frac{1}{a}$ $B(2a/0)$
$C(a/\frac{1}{a})$
$A = \frac{1}{2} \cdot 2a \cdot \frac{1}{a} = 1$
Der Flächeninhalt ist von a unabhängig.

6 $-10 \leq t \leq 10 \wedge t \neq 0$
$t = \pm 6 : y = \pm \frac{4}{3}x + 8$
$t = \pm 8 : y = \pm \frac{3}{4}x + 6$
$t = \pm 10 : y = 0$

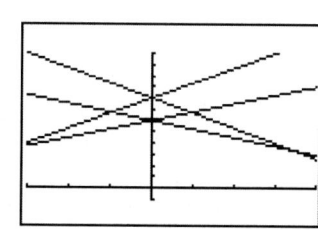

2.8 Lineare Gleichungssysteme mit zwei Variablen

1 a) $L = \{(-2/-1)\}$ b) $L = \{(1/1)\}$
c) $L = \{(\frac{1}{2}/-2)\}$ d) $L = \{(-2/3)\}$

2 a) $L = \{(10/19)\}$ b) $L = \{\}$
c) $L = \{(-7/-1)\}$ d) $L = \{(x/y)|(x/y)\in \mathbb{R}\times\mathbb{R} \wedge y = -2x+\frac{1}{2}\}$

3 a) $L = \{(x/y)|(x/y)\in \mathbb{R}\times\mathbb{R} \wedge y = -\frac{1}{7}x-\frac{3}{7}\}$ b) $L = \{(-\frac{1}{4}/\frac{1}{8})\}$
c) $L = \{(0/6)\}$ d) $L = \{\}$
e) $L = \{(\frac{1}{7}/7)\}$ f) $L = \{(-\frac{3}{8}/\frac{8}{3})\}$

4 a) $L = \{(-\frac{8}{25}/-\frac{38}{25})\}$ b) $L = \{\}$
c) $L = \{(\frac{8}{53}/\frac{144}{265})\}$ d) $L = \{(\frac{3}{7}/0)\}$
e) $L = \{(6/1)\}$ f) $L = \{(2/5)\}$
g) $L = \{(x/y)|(x/y)\in \mathbb{R}\times\mathbb{R} \wedge y = \frac{1}{5}x+\frac{2}{3}\}$ h) $L = \{\}$

5 a) $L = \{(\frac{1}{2}/\frac{1}{3})\}$ b) $L = \{(x/y)|(x/y)\in D \wedge y = -\frac{5}{6}x+\frac{2}{3}\}$
c) $L = \{\}$

6 a) $L = \{(\frac{1}{4}/\frac{1}{6})\}$ b) $L = \{(\frac{9}{4}/-1)\}$
c) $L = \{(0/-\frac{3}{2})\}$

7 a) $2a = -3b \wedge -2ab = 4 - 4a$; $a \approx 0{,}7913 \wedge b \approx -0{,}528$
bzw. $a \approx -3{,}7913 \wedge b \approx 2{,}528$
b) $2a = 3b + 8{,}5 \wedge 4b + 8{,}5 = -3a$; $a = \frac{1}{2}; b = -2{,}5$

8 $y = mx + b_1$
$y = mx + b_2$
a) $b_1 \neq b_2$ b) $b_1 = b_2$

9 a) $L = \{\}$ b) $L = \mathbb{R} \times \mathbb{R}$

10 $x + 1 = y$
$3x + 3y = 15$ $L = \{(2/3)\}$

11 $\frac{x-1}{y-1} = \frac{4}{5}$
$\frac{x+1}{y+1} = \frac{5}{6}$ $L = \{(9/11)\}$

12 Erste Zahl: x
Zweite Zahl: y
$x + y = 87$
$x = 5y + 9$ $L = \{(74/13)\}$

13 Preis einer Nelke: x
Preis einer Rose: y
$10x + 4y = 30$
$5x + 8y = 30$ $L = \{(2/2{,}5)\}$

Lehrbuch Seiten 97, 98

14 $x \cdot \frac{40}{100} + y \cdot \frac{75}{100} = \frac{65}{100} \cdot 250 \qquad L = \{(71{,}43/178{,}57)\}$
$x + y = 250$

15 Prozentzahl der ersten Säure: x
Menge der zweiten Säure: y

$2 \cdot \frac{x}{100} + y \cdot \frac{70}{100} = (2 + y) \frac{58}{100}$
$4 \cdot \frac{x}{100} + 3y \cdot \frac{70}{100} = (4 + 3y) \frac{60}{100}$

$2x + 12y = 116$
$4x + 30y = 240 \qquad L = \{(50/\frac{4}{3})\}$

16 Geschwindigkeit (in km/h) des Motorboots/Raddampfers: v_M
Geschwindigkeit (in km/h) der Strömung: v_S

a) $v_M - v_s = 9{,}5$
$v_M + v_s = 15{,}8$
$v_M = 12{,}65$
$v_S = 3{,}15$

b) $7{,}5 = (v_M - v_S) \cdot \frac{2}{3}$
$7{,}5 = (v_M + v_S) \cdot \frac{1}{2}$
$v_M = 13{,}125$
$v_S = 1{,}875$

17 Kolonnenlänge l, mittlere Kolonnengeschwindigkeit v

$144 \frac{\text{km}}{\text{h}} = 40 \frac{\text{m}}{\text{s}}; \quad 6\frac{2}{3} \text{min} = 400 \text{ s}; \quad 4 \text{ min} = 240 \text{ s}$

gleiche Bewegungsrichtung: $\quad 40 \frac{\text{m}}{\text{s}} \cdot 400 \text{ s} = l + v \cdot 400 \text{ s} \quad (1)$

Gegenrichtung: $\quad 40 \frac{\text{m}}{\text{s}} \cdot 240 \text{ s} = l - v \cdot 240 \text{ s} \quad (2)$

$16\,000 \text{ m} = l + v \cdot 400 \text{ s} \quad (1)$
$9\,600 \text{ m} = l - v \cdot 240 \text{ s} \quad (2)$

$ \quad 16\,000 \text{ m} = l + v \cdot 400 \text{ s} \quad (1)$
$-(1) + (2) \quad -6\,400 \text{ m} = -v \cdot 640 \text{ s} \quad (2)$

Aus (2): $v = 10 \frac{\text{m}}{\text{s}} = 36 \frac{\text{km}}{\text{h}}$
Aus (1): $l = 12\,000 \text{ m} = 12 \text{ km}$

18 Nettopreis Lebensmittel: x
Nettopreis Non-Food-Artikel: y

$x \cdot \frac{107}{100} + y \cdot \frac{119}{100} = 1\,100{,}48 \qquad L = \{(746/254)\}$
$x + y = 1\,000$

19 $K_1 \cdot \frac{7}{100} + K_2 \cdot \frac{7{,}5}{100} = 365 \qquad L = \{(2\,000/3\,000)\}$
$K_2 \cdot \frac{8}{100} + K_2 \cdot \frac{8{,}5}{100} = 415$

20 Preis eines Sitzplatzes: x
Preis eines Stehplatzes: y
$$600x + 2000y = 20600$$
$$300(x + 1) + 2000(y + 1) = 19600$$
$$L = \{(11/7)\}$$

2.9 Lineare Gleichungssysteme mit drei und mehr Variablen

1 a) $x_1 - x_2 - 12x_3 = 3$
$\frac{1}{8}x_2 + \frac{3}{4}x_3 - \frac{1}{16}x_4 = 2$
$-3x_3 + 7x_4 = 9$
$2x_4 = 0$
—————————————
$x_4 = 0$
$-3x_3 + 0 = 9$
$x_3 = -3$
$\frac{1}{8}x_2 - \frac{9}{4} + 0 = 2$
$x_2 = 34$
$x_1 - 34 + 36 + 0 = 3$
$x_1 = 1$

b) $9x_1 + 2x_2 - x_3 + 3x_4 - 4x_5 = 15$
$3x_2 + 4x_3 - 7x_4 + 6x_5 = 17$
$\frac{1}{4}x_5 = \frac{1}{2}$
$-x_3 + x_5 = 0$
$2x_4 - 5x_5 = -10$
—————————————
$9x_1 + 2x_2 - x_3 + 3x_4 - 4x_5 = 15$
$3x_2 + 4x_3 - 7x_4 + 6x_5 = 17$
$-x_3 + x_5 = 0$
$2x_4 - 5x_5 = -10$
$\frac{1}{4}x_5 = \frac{1}{2}$
—————————————
$x_5 = 2$
$2x_4 - 10 = -10$
$x_4 = 0$
$-x_3 + 2 = 0$
$x_3 = 2$
$3x_2 + 8 - 0 + 12 = 17$
$x_2 = -1$
$9x_1 - 2 - 2 + 0 - 8 = 15$
$x_1 = 3$

2 a)

	x_1	x_2	x_3		
	$\boxed{2}$	4	3	1	(1)
	4	6	7	−5	(2)
	−6	−10	−6	−8	(3)
	2	4	3	1	
$-2 \cdot (1) + (2)$	0	$\boxed{-2}$	1	−7	
$3 \cdot (1) + (3)$	0	2	3	−5	
	2	4	3	1	
	0	−2	1	−7	
$(2) + (3)$	0	0	4	−12	

$x_3 = -3;\ x_2 = 2;\ x_1 = 1$

b)

	x_1	x_2	x_3		
	$\boxed{2}$	3	−5	−4	(1)
	4	8	−5	−12	(2)
	1	−2,5	5,5	6	(3)
	2	3	−5	−4	
$-2 \cdot (1) + (2)$	0	$\boxed{2}$	5	−4	
$-\frac{1}{2} \cdot (1) + (3)$	0	−4	8	8	
	2	3	−5	−4	
	0	2	5	−4	
$2 \cdot (2) + (3)$	0	0	$\boxed{18}$	0	

$x_3 = 0;\ x_2 = -2;\ x_1 = 1$

c)

	x_1	x_2	x_3		
	3	5	4	2	(1)
	$\boxed{-1}$	10	6	-8	(2)
	6	-5	2	10	(3)
$-1 \cdot (2)$	1	-10	-6	8	
$3 \cdot (2) + (1)$	0	$\boxed{35}$	22	-22	
$6 \cdot (2) + (3)$	0	55	38	-38	
	1	-10	-6	8	
	0	35	22	-22	
$-\frac{11}{7} \cdot (2) + (3)$	0	0	$\frac{24}{7}$	$-\frac{24}{7}$	
	1	-10	-6	8	
	0	35	22	-22	
$\frac{7}{24} \cdot (3)$	0	0	$\boxed{1}$	-1	
$6 \cdot (3) + (1)$	1	-10	0	2	
$-22 \cdot (3) + (2)$	0	$\boxed{35}$	0	0	
	0	0	1	-1	
$\frac{10}{35} \cdot (2) + (1)$	1	0	0	2	
$\frac{1}{35} \cdot (2)$	0	1	0	0	
	0	0	1	-1	

$$x_3 = -1; x_2 = 0; x_1 = 2$$

d)

	x_1	x_2	x_3	x_4		
	$\boxed{5}$	-1	11	1	115	(1)
	2	1	-2	0	-23	(2)
	5	3	16	-2	174	(3)
	4	-1	0	2	-5	(4)
	5	-1	11	1	115	
$-\frac{2}{5} \cdot (1) + (2)$	0	$\frac{7}{5}$	$-\frac{32}{5}$	$-\frac{2}{5}$	-69	
$-1 \cdot (1) + (3)$	0	4	5	-3	59	
$-\frac{4}{5} \cdot (1) + (4)$	0	$\boxed{-\frac{1}{5}}$	$-\frac{44}{5}$	$\frac{6}{5}$	-97	
	5	-1	11	1	115	
$5 \cdot (4)$	0	-1	-44	6	-485	
$7 \cdot (4) + (2)$	0	0	$\boxed{-68}$	8	-748	
$20 \cdot (4) + (3)$	0	0	-171	21	-1881	
	5	-1	11	1	115	
	0	-1	-44	6	-485	
$\frac{1}{4} \cdot (3)$	0	0	-17	2	-187	
$-\frac{171}{68} \cdot (3) + (4)$	0	0	0	$\frac{15}{17}$	0	

$$x_4 = 0;\ x_3 = 11;\ x_2 = 1;\ x_1 = -1$$

e)

	x_1	x_2	x_3		
	4	6	8	28	(1)
	$\boxed{2}$	2	2	10	(2)
	3	-2	-3	7	(3)
$\frac{1}{2} \cdot (2)$	1	1	1	5	
$\frac{1}{2} \cdot (-2 \cdot (2) + (1))$	0	$\boxed{1}$	2	4	
$-\frac{3}{2} \cdot (2) + (3)$	0	-5	-6	-8	
	1	1	1	5	
	0	1	2	4	
$5 \cdot (2) + (3)$	0	0	$\boxed{4}$	12	
$-\frac{1}{4} \cdot (3) + (1)$	1	1	0	2	
$-\frac{1}{2} \cdot (3) + (2)$	0	$\boxed{1}$	0	-2	
$\frac{1}{4} \cdot (3)$	0	0	1	3	
$-1 \cdot (2) + (1)$	1	0	0	4	
	0	1	0	-2	
	0	0	1	3	

$$x_3 = 3;\ x_2 = -2;\ x_1 = 4$$

f)

	x_1	x_2	x_3	x_4		
	0	−3	0	5	−31	(1)
	−1	1	4	0	14	(2)
	$\boxed{1}$	2	−2	4	5	(3)
	−2	−4	4	−11	−4	(4)
(3)	1	2	−2	4	5	
(3) + (2)	0	3	2	4	19	
(1)	0	−3	0	5	−31	
2 · (3) + (4)	0	0	0	−3	6	

$x_4 = -2;\ x_2 = 7;\ x_3 = 3;\ x_1 = 5$

g)

	x_1	x_2	x_3		
	12	−9	12	36	(1)
	−2	−1	2	−2	(2)
	−8	4	−8	−24	(3)
(2)	$\boxed{-2}$	−1	2	−2	
$\tfrac{1}{2}$ · (3)	−4	2	−4	−12	
$\tfrac{1}{3}$ · (1)	4	−3	4	12	
	−2	−1	2	−2	
−2 · (1) + (2)	0	$\boxed{4}$	−8	−8	
2 · (1) + (3)	0	−5	8	8	
	−2	−1	2	−2	
	0	4	−8	−8	
$\tfrac{5}{4}$ · (2) + (3)	0	0	−2	−2	

$x_3 = 1;\ x_2 = 0;\ x_1 = 2$

3 Es ergeben sich acht Summen, die denselben Wert haben:

8	1	a
b	5	7
4	c	d

9 + a   (1)   6 + c   (5)
12 + b   (2)   7 + a + d   (6)
4 + c + d   (3)   13 + d   (7)
12 + b   (4)   9 + a   (8)

Aus (1) und (6) erhält man $9 + a = 7 + a + d$ und somit $d = 2$.
Damit erhält man drei Gleichungen:

(1) (oder (6) oder (8)) = (7): $9 + a = 15$
                                  $a = 6$
(2) (oder (4)) = (7): $12 + b = 15$
                                  $b = 3$
(3) (oder (9)) = (7): $6 + c = 15$
                                  $c = 9$

4 1. Ziffer: x
2. Ziffer: y
3. Ziffer: z

$\dfrac{100x + 10y + z}{7} = x + y + z + 12$

$-x + y = 2$

$3x - z = 0 \qquad L = \{(1;\ 3;\ 3)\}$

5 Nennwert der 4%igen Bundesanleihen: x
Nennwert der 5%igen Bundesanleihen: y
Nennwert der 6,5%igen Bundesanleihen: z

$x + y + z = 20\,000$

$\frac{4}{100} \cdot x + \frac{5}{100} \cdot y + \frac{6,5}{100} \cdot z = 955$

$-x + y + z = 1\,000 \qquad L = \{(7\,250;\ 8\,250;\ 5\,500)\}$

Fehler in der Aufgabenstellung: Er besitzt für 1000 EUR mehr 5%ige als 4%ige Bundesanleihen.

6 Gewinnanteil von Othello Schwarz: x
Gewinnanteil von Egon Schwarz: y
Gewinnanteil von Wunibald Wunder: z

$x + y + z = 120\,000$

$-x + 3z = 0$

$-x + 1,6y = 0 \qquad L = \{(61\,276{,}60;\ 38\,297{,}87;\ 20\,425{,}53)\}$

7 Zinssatz für 50 000 EUR: p_1
Zinssatz für 30 000 EUR: p_2
Zinssatz der Hypothekenbank: p_3

$50\,000 \cdot \frac{p_1}{100} + 30\,000 \cdot \frac{p_2}{100} = 3\,850$

$80\,000 \cdot \frac{p_3}{100} = 3\,200$

$p_1 = p_3 + 0{,}5 \qquad L = \{(4{,}5;\ 5{,}\overline{3};\ 4)\}$

8 a) Fahne: f, Rad: r, Sonne: s

$f + r + s = 30$ (1) $\qquad 3s = 2r$ (4)
$6f = 3s$ (2) $\qquad 2r + 2s = 50$ (5)
$r + s = 5f$ (3)

$f + r + s = 30$ (1) Aus (3): $f = 5$.
$6f - 3s = 0$ (2) Aus (2): $s = 10$.
$-5f + r + s = 0$ (3) Aus (1): $r = 15$.

$f + r + s = 30$ (1) Die berechneten Lösungen erfüllen auch
$6f - 3s = 0$ (2) die Gleichungen (4) und (5).
$-(1) + (3) \ -6f = -30$ (3)

b) Zwei der fünf Gleichungen sind überflüssig.

2.10 Abschnittsweise definierte Funktionen

1 a)

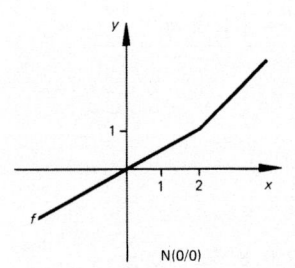

N(0/0)

b)

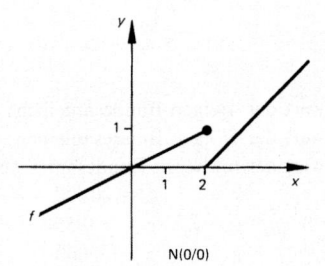

N(0/0)

c)

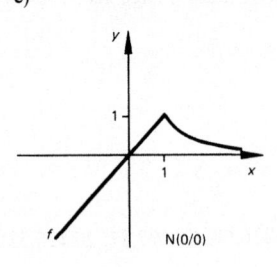

N(0/0)

d)

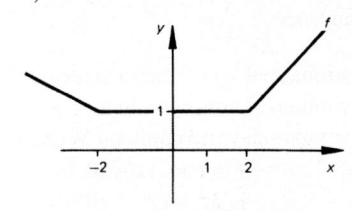

e)

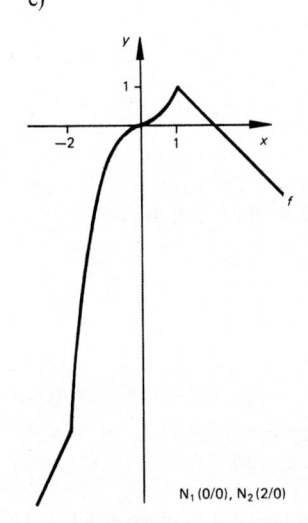

$N_1(0/0)$, $N_2(2/0)$

f)

N(0/0)

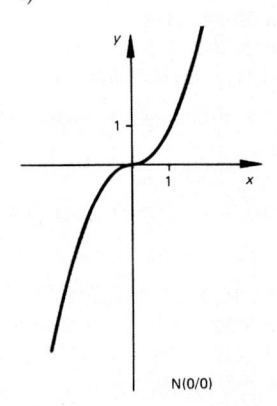

2 a) $f(x) = \begin{cases} 0 & \text{für } -2 \leq x < 0 \\ 2x & \text{für } 0 \leq x \leq 3 \end{cases}$

b) $f(x) = \begin{cases} -x^2 & \text{für } -4 \leq x < 0 \\ x^2 & \text{für } 0 \leq x \leq 2 \end{cases}$

d) $f(x) = \begin{cases} 1 & \text{für } x \neq 0 \\ 0 & \text{für } x = 0 \end{cases}$

f) $f(x) = \begin{cases} -\frac{1}{2}x^3 + 1 & \text{für } -2{,}5 \leq x < 0 \\ \frac{1}{2}x^3 + 1 & \text{für } 0 \leq x \leq 2 \end{cases}$

g) $f(x) = \begin{cases} -\frac{1}{x} & \text{für } x < 0 \\ \frac{1}{x} & \text{für } x > 0 \end{cases}$

h) $f(x) = \begin{cases} -x^3 & \text{für } -2{,}5 \leq x < 0 \\ x^3 & \text{für } 0 \leq x \leq 2{,}5 \end{cases}$

3 a) $f(x) = \begin{cases} -x - 1 & \text{für } x < -1 \\ x + 1 & \text{für } -1 \leq x \end{cases}$

b) $f(x) = \begin{cases} -x + 2 & \text{für } x < 0 \\ x + 2 & \text{für } x \geq 0 \end{cases}$

c) $f(x) = \begin{cases} x - 3 & \text{für } x < 2 \\ -x + 1 & \text{für } x \geq 2 \end{cases}$

d) $f(x) = \begin{cases} -\frac{1}{2}x - \frac{1}{2} & \text{für } x < -1 \\ \frac{1}{2}x + \frac{1}{2} & \text{für } -1 \leq x \end{cases}$

e) $f(x) = \begin{cases} -2x + 7 & \text{für } x < 2 \\ 2x - 1 & \text{für } 2 \leq x \end{cases}$

f) $f(x) = \begin{cases} 3x + 3 & \text{für } x < -\frac{4}{3} \\ -3x - 5 & \text{für } x \geq -\frac{4}{3} \end{cases}$

g) $f(x) = \begin{cases} 0 & \text{für } x < 0 \\ 2x & \text{für } x \geq 0 \end{cases}$

h) $f(x) = \begin{cases} -2x & \text{für } x < 0 \\ 2x & \text{für } x \geq 0 \end{cases}$

i) $f(x) = \begin{cases} -2x & \text{für } x < -2 \\ 4 & \text{für } -2 \leq x < 2 \\ 2x & \text{für } x \geq 2 \end{cases}$

j) $f(x) = \begin{cases} 0 & \text{für } x < 0 \\ 2x^2 & \text{für } x \geq 0 \end{cases}$

4 a) $S_1(-4/4);\ S_2(\frac{4}{3}/\frac{4}{3})$

b) $S_1(\frac{4}{3}/\frac{8}{3});\ S_2(\frac{10}{3}/\frac{4}{3})$

c)
1. Fall: $x < -1$	2. Fall: $x \geq -1$
$-x^3 = x^2 - 2x$	$-\frac{1}{3}x + \frac{2}{3} = x^2 - 2x$
$x(x^2 + x - 2) = 0$	$x^2 - \frac{5}{3}x - \frac{2}{3} = 0$
$x_1 = -2$	$x_2 = 2$
$S_1(-2/8)$	$x_3 = -\frac{1}{3}$
	$S_2(2/0)$
	$S_3(-\frac{1}{3}/\frac{7}{9})$

zu a)   zu b) 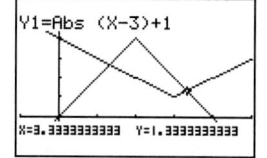   zu c)

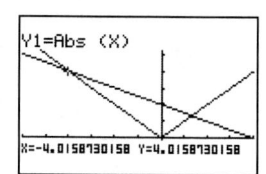

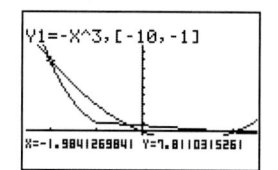

5 a) $f(x) = \begin{cases} x^2 - 4x & \text{für } x < 0 \lor x \geq 4 \\ -x^2 + 4x & \text{für } 0 \leq x < 4 \end{cases}$ $N_1(0/0); N_2(4/0)$

Hinweis: $||x| \cdot |x-4|| = |x| \cdot |x-4|$

b) $f(x) = \begin{cases} x - 1 & \text{für } x < 0 \lor x \geq 1 \\ -x + 1 & \text{für } 0 < x < 1 \end{cases}$ $N(1/0)$

c) $f(x) = \begin{cases} -5x & \text{für } x < -\frac{2}{5} \\ 5x + 4 & \text{für } -\frac{2}{5} \leq x < 0 \\ -x + 4 & \text{für } 0 \leq x < 2 \\ x & \text{für } x \geq 2 \end{cases}$ —

d) $f(x) = \begin{cases} x - 3 & \text{für } x < \frac{1}{2} \\ -3x - 1 & \text{für } x \geq \frac{1}{2} \end{cases}$ $S(0/-3)$

e) $f(x) = \begin{cases} -x + 7 & \text{für } x < -1 \\ -3x + 5 & \text{für } -1 \leq x < 2 \\ x - 3 & \text{für } x \geq 2 \end{cases}$ $S(0/5); N_1(\frac{5}{3}/0); N_2(3/0)$

f) $f(x) = \begin{cases} -3x + 13 & \text{für } x < 2 \\ x + 5 & \text{für } 2 \leq x < 3 \\ 3x - 1 & \text{für } x \geq 3 \end{cases}$ $S(0/13)$

6 a) $2a \leq 3a - 2$
   $2 \leq a$

b) $4a - 2 \leq -a + 3$
   $a \leq 1$

7 Preis in €

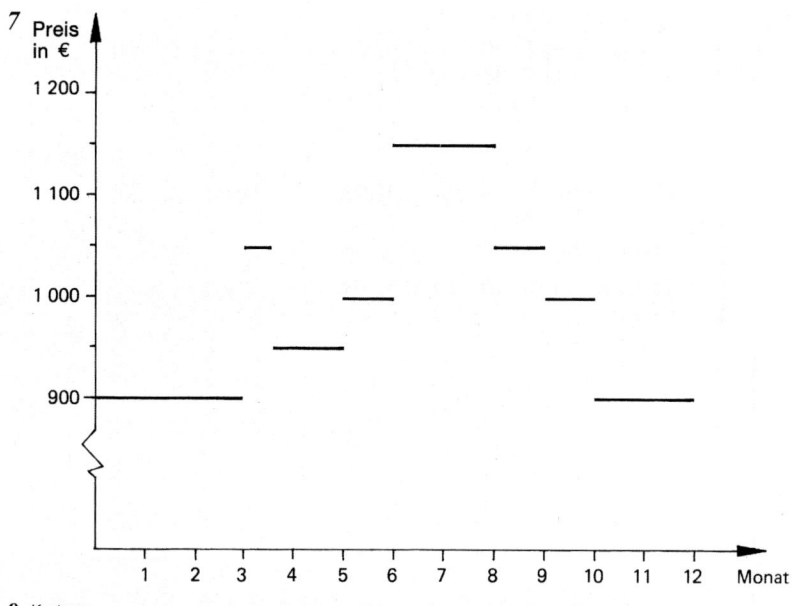

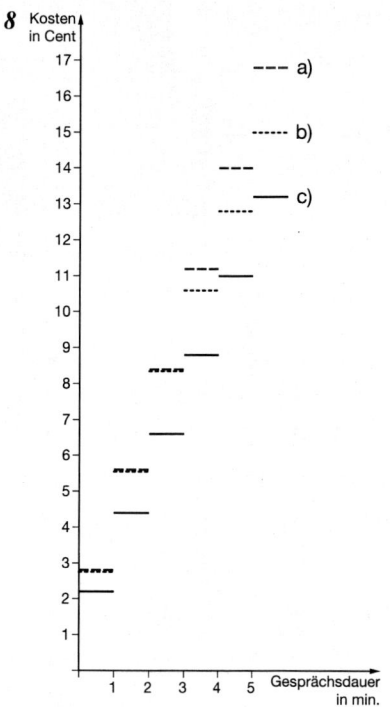

8 Kosten in Cent

--- a)
······ b)
—— c)

Gesprächsdauer in min.

9 a)   bis 31.03.: 87,00 EUR
01.04. − 31.08.: 90,48 EUR
01.09. − 30.09.: 95,48 EUR
01.10. − 31.03.: 89,75 EUR
   ab 01.04.: 97,83 EUR

$$p(t) = \begin{cases} 87{,}00 \text{ EUR} & \text{für } t \leq 31.03. \\ 90{,}48 \text{ EUR} & \text{für } 01.04. \leq t \leq 31.08. \\ 95{,}48 \text{ EUR} & \text{für } 01.09. \leq t \leq 30.09. \\ 89{,}75 \text{ EUR} & \text{für } 01.10. \leq t \leq 31.03. \\ 97{,}83 \text{ EUR} & \text{für } t \geq 01.04. \end{cases}$$

b)
$$p(t) = \begin{cases} 100 & \text{für } t \leq 31.03. \\ 104 & \text{für } 01.04. \leq t \leq 31.08. \\ 109{,}7 & \text{für } 01.09. \leq t \leq 30.09. \\ 103{,}2 & \text{für } 01.10. \leq t \leq 31.03. \\ 112{,}4 & \text{für } t \geq 01.04. \end{cases}$$

Graph entsprechend a)

10 a)

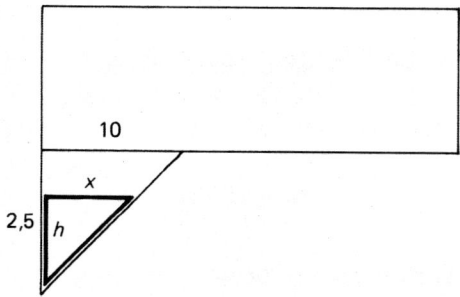

Solange die Füllhöhe h 2,5 m nicht überschreitet, gilt
$$V(h) = \frac{20 \text{ m} \cdot h \cdot x}{2}$$
$$V(h) = 10 \text{ m} \cdot hx, \qquad (1)$$
da das Wasser einen halben Quader füllt. Nach dem 2. Strahlensatz ist
$$\frac{x}{h} = \frac{10}{2,5}$$
$$x = 4h \qquad (2)$$
(2) in (1)
$$V(h) = 10mh \cdot 4h = 40 \text{ m} \cdot h^2$$
Bei Füllhöhen über 2,5 m hat man
$$V(h) = 20 \text{ m} \cdot 50 \text{ m} \cdot (h - 2,5 \text{ m}) + 250 \text{ m}^3$$
$$V(h) = 1\,000 \text{ m}^2 \cdot h - 2\,250 \text{ m}^3$$
Also:
$$V(h) = \begin{cases} 40 \text{ m} \cdot h^2 & \text{für } 0 \text{ m} \leq h \leq 2,5 \text{ m} \\ 1\,000 \text{ m}^2 \cdot h - 2\,250 \text{ m}^3 & \text{für } 2,5 \text{ m} < h \leq 4,2 \text{ m} \end{cases}$$

b) Füllgeschwindigkeit: $1,2 \frac{\text{m}^3}{\text{min}}$

In dem halben Quader befinden sich 250 m³ Wasser, er ist nach $208\frac{1}{3}$ min vollgelaufen.

Es gilt $40 \text{ m} \cdot h^2 = 1,2 \frac{\text{m}^3}{\text{min}} \cdot t$.

In dem Rest des Beckens befinden sich 1700 m³ Wasser; um es zu füllen sind $1\,416\frac{2}{3}$ min notwendig.

$$h(t) = \begin{cases} \sqrt{0,03 \frac{\text{m}^2}{\text{min}} \cdot t} & \text{für } 0 \leq t \leq 208\frac{1}{3} \text{ min} \\ 0,0012 \frac{\text{m}}{\text{min}} \cdot t + 2,5 \text{ m} & \text{für } 208\frac{1}{3} \text{ min} < t < 1\,625 \text{ min} \end{cases}$$

11 Legt man den Schnittpunkt von Pfeiler und Brücke in den Ursprung des Koordinatensystems, könnte die Vorschrift der Funktionenschar lauten:
$$f_t(x) = -t \cdot |x| + \frac{4}{t}.$$

12 a) 35 l
b) 3,75 $\frac{l}{100\,\text{km}}$
c) Auf der dritten Teilstrecke, da dort die Gerade am stärksten fällt.
d) 35 l für 700 km: 5 $\frac{l}{100\,\text{km}}$.

13 a) $0{,}5 \cdot 2 = 2 + t$ b) $1 = -1 + t$
    $t = -1$ $t = 2$
c) $t^2 = 2t - 1$ d) $1 = t - 1$
    $t = 1$ $t = 2$

2.11 Regression und Korrelationskoeffizient

1 Am wahrscheinlichsten ist ein linearer Zusammenhang: je schwerer der Vater desto schwerer der Sohn.
lineare Regression $y = 1{,}04\,x - 1{,}53;\ r \approx 0{,}95$
quadratische Regression $y = 0{,}02\,x^2 - 2{,}58\,x + 132{,}74$
kubische Regression $y = -0{,}002\,x^3 + 0{,}48\,x^2 - 36{,}13\,x + 939{,}84$
logarithmische Regression $y = -252{,}75 + 76{,}37 \cdot \ln(x);\ r = 0{,}94$
exponentielle Regression $y = 27{,}79 \cdot e^{0{,}013x};\ r \approx 0{,}95$

2 $y = 18{,}74x - 7{,}65$ ca. $18{,}74\,\dfrac{\text{Spams}}{\text{Tag}}$

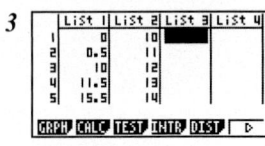

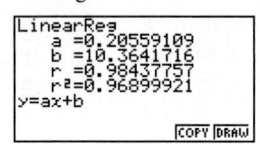

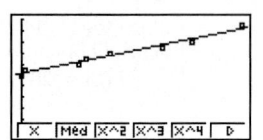

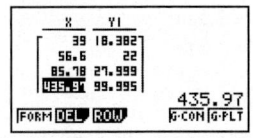

3

Im August 2024; Anfang Oktober 2053; 2404.

4 Steigt der Angebotspreis x, nimmt die Absatzmenge y ab. Je nach Artikel ist Konvergenz gegen einen Minimalabsatz oder ein Schnittpunkt mit der Preisachse zu erwarten. Geht der Angebotspreis gegen 0, steigt der Verbrauch.
lineare Regression $y = -722{,}22\,x + 1475;\ r \approx -0{,}77$
quadratische Regression $y = -5059{,}2\,x^2 + 15723{,}0\,x - 11875{,}25$
kubische Regression $y = 16590{,}7\,x^3 - 86162{,}0\,x^2 + 147786{,}6\,x - 83507{,}2$
logarithmische Regression $y = 866{,}79 - 1165{,}74 \cdot \ln(x);\ r \approx 0{,}77$
exponentielle Regression $y = 18334{,}0 \cdot e^{-2{,}54x};\ r \approx -0{,}79$

5 a) gleichmäßig beschleunigte Bewegung
    $s = 89{,}17t^2 - 6{,}43t + 2{,}31$
b) gleichmäßig beschleunigte Bewegung
    $s = 113{,}35t^2 - 6{,}42t + 0{,}68$
c) gleichförmige Bewegung
    $s = 285{,}50t + 5{,}29$

d) Schwingung
$s = 116,21 \cdot \sin(1,14t + 0,15) - 17,26$

6 Mit zunehmendem Preis konvergiert der Verbrauch gegen einen Minimalverbrauch, deshalb gibt es keinen Schnittpunkt mit der Preisachse. Sinkt der Preis, erhöht sich der Verbrauch, aber nicht über alle Grenzen.

lineare Regression	$y = -39,46\,x + 103,05;\ r \approx -0,84$
quadratische Regression	$y = 41,91\,x^2 - 119,92\,x + 133,13$
kubische Regression	$y = -34,68\,x^3 + 146,44\,x^2 - 212,94\,x + 156,10$
logarithmische Regression	$y = 59,15 - 33,97 \cdot \ln(x);\ r \approx -0,89$
exponentielle Regression	$y = 107,76 \cdot e^{-0,57x};\ r \approx -0,8$

7

	Bevölkerung in Mio.	Sitze 2004	Rechnung 1 über/genau/unter			Rechnung 2 über/unter		Sitze 2007	Rechnung 1 über/genau/unter			Rechnung 2 über/unter		
Belgien	10,00	24	20			13		24	20			14		14
Bulgarien	8,95	–						18		19	13	18		13
Dänemark	5,16	14	15			7		14			7	14		7
Deutschland	80,98	99				104	107	99		104		99	116	114
Estland	1,58	6				10	2	6		10	2	6		2
Finnland	5,01	14		14		7		14	14		7	14		7
Frankreich	57,18	78	76				76	78	76			78	82	80
Griechenland	10,18	24	20			13		24	20		15	24		14
Großbritannien	57,65	78	77				76	78	77			78	83	81
Irland	3,49	13	12			5		13	12			13		5
Italien	57,78	78	77				77	78	77		5	78	83	81
Lettland	2,70	9				12	4	9		11	4	9		4
Litauen	3,76	13		13			5	13	13		5	13		5
Luxemburg	0,38	6				9	1	6		9	1	6		1
Malta	0,36	5				9	0	5		9	1	5		1
Niederlande	15,16	27	26			20		27	26		22	27		21
Österreich	7,78	18		18		10		18	17		11	18		11
Polen	38,42	54		54			51	54				54	55	54
Portugal	9,87	24	20			13		24	20		14	24		14
Rumänien	23,33	–						35		36		35	33	33
Schweden	8,60	19		19		11		19	18		12	19		12
Slowakei	5,30	14				15	7	14			8	14		7
Slowenien	1,98	7				11	3	7		10	3	7		3
Spanien	39,09	54				55	52	54		55		54	56	55
Tschechien	10,31	24	21			14		24	20		15	24		14
Türkei	72,00	–						–				85		101
Ungarn	10,51	24	21			14		24	21		15	24		15
Zypern	0,72	–						6		9		6	1	1
Summe	**548,23**	**726**					**726**	**785**				**785**	**682**	**769,1**
			$y = 1,1823x + 8,4149$				1,324		$y = 1,1869x + 8,1393$				1,432	1,403

Rechnung 1: Regressionsgerade
Rechnung 2: Sitze pro 1 Mio Einwohner

3 Potenzfunktionen

3.1 Quadratische Funktionen

3.1.1 Parabelgleichung

1 a) $S(2/-2)$, $N_{1/2}(2 \pm \sqrt{2}/0)$
   $f(x) = x^2 - 4x + 2$
   b) $S(-1/\frac{1}{2})$, kein Schnittpunkt mit x-Achse
   $f(x) = 2x^2 + 4x + \frac{5}{2}$
   c) $S(3/-\frac{3}{2})$, $N_{1/2}(3 \pm \sqrt{6}/0)$
   $f(x) = \frac{1}{4}x^2 - \frac{3}{2}x + \frac{3}{4}$
   d) $S(-1/3)$, $N_{1/2}(-1 \pm \sqrt{6}/0)$
   $f(x) = -\frac{1}{2}x^2 - x + \frac{5}{2}$
   e) $S(3/4)$, $N_{1/2}(3 \pm \sqrt{2}/0)$
   $f(x) = -2x^2 + 12x - 14$
   f) $S(\frac{1}{2}/-2)$, $N_1(4{,}5/0)$, $N_2(-3{,}5/0)$
   $f(x) = \frac{1}{8}x^2 - \frac{1}{8}x - \frac{63}{32}$

2 a) $f(x) = (x - 6)^2 - 2$
   $S(6/-2)$
   b) $f(x) = -2(x - 1)^2 + 2$
   $S(1/2)$
   c) $f(x) = (x - 7)^2 - 5$
   $S(7/-5)$
   d) $f(x) = (x + 3)^2 + 3$
   $S(-3/3)$
   e) $f(x) = 2(x - 4)^2 + 5$
   $S(4/5)$
   f) $f(x) = (x + \frac{1}{2})^2 + \frac{3}{4}$
   $S(-\frac{1}{2}/\frac{3}{4})$
   g) $f(x) = 3(x - \frac{1}{3})^2 + \frac{1}{4}$
   $S(\frac{1}{3}/\frac{1}{4})$
   h) $f(x) = \frac{1}{4}(x + 2)^2 - 3$
   $S(-2/-3)$
   i) $f(x) = -(x - 2)^2 - 2$
   $S(2/-2)$
   j) $f(x) = -\frac{1}{5}(x - \frac{3}{4})^2 + \frac{1}{5}$
   $S(\frac{3}{4}/\frac{1}{5})$
   k) $f(x) = \frac{1}{3}(x - 1)^2 + \frac{1}{9}$
   $S(1/\frac{1}{9})$
   l) $f(x) = (x - 0{,}8)^2 + 0{,}26$
   $S(0{,}8/0{,}26)$

3 a) $f(x) = (x + 1)^2 + 2$
   b) $f(x) = (x - 3)^2 + 4$
   c) $f(x) = (x + 2)^2 - 6$
   d) $f(x) = x^2 + 1$
   e) $f(x) = (x + 2)^2 - 3$
   f) $f(x) = (x - 4)^2 - 1$

4 a) $f(x) = (x - 5)^2 - 2$
   b) $f(x) = 3 \cdot (x - 5)^2 - 2$
   c) $f(x) = a \cdot (x - 1)^2$
   mit $a \neq 0$
   d) $f(x) = a \cdot (x - x_0)^2 + y_0$
   mit $a > 0$, $x_0 < 0$ und $y_0 > 0$
   e) $f(x) = a \cdot (x - x_0)^2 - 2$
   mit $a > 0$ und $x_0 > 0$

5 a) B   b) E   c) –   d) G   e) D   f) H   g) C   h) A   i) F   j) D

6 a) $S(2/3)$ b) Kein größter Funktionswert

7 $A(x) = x \cdot (25 - x) = -x^2 + 25x = -(x - 12{,}5)^2 + 156{,}25$
Quadrat mit der Seitenlänge 12,5 m und der Fläche 156,25 m².

3.1.2 Aufstellen von Parabelgleichungen

1 a) $f(x) = 3x^2 + 4x - 1$
  c) $f(x) = -2x^2 + x + 8$
  e) $f(x) = -\frac{1}{3}x^2 + \frac{5}{3}x + 2$
  g) $f(x) = \frac{1}{4}x^2 - \frac{1}{2}x + \frac{1}{2}$
  i) $f(x) = 2x^2 + 4x - 1$
  k) $f(x) = 3x^2 - 10x + 8$

  b) $f(x) = 2x^2 - x - 2$
  d) $f(x) = x^2 - 3$
  f) $f(x) = x^2 + 2x - 2$
  h) $f(x) = \frac{1}{2}x^2 - 2x + 3$
  j) $f(x) = \frac{1}{4}x^2 - \frac{1}{2}x + 0{,}5$
  l) $f(x) = 2x^2 - 7x - 8$

2 a) $S(1/-6); \; y = \frac{2}{3}x^2 - \frac{4}{3}x - \frac{16}{3}$
  b) $N_2(-1/0); \; y = -\frac{1}{2}x^2 + x + \frac{3}{2}$
  c) $\bar{P}(3/3{,}5); \; \bar{Q}(4/3); \; y = -\frac{1}{6}x^2 + \frac{2}{3}x + 3$
  d) $y = -\frac{2}{5}x^2 + \frac{4}{5}x + 6$
  e) $A(1/2); B(-2/-1); C(3/-2); \; y = -\frac{3}{5}x^2 + \frac{2}{5}x + \frac{11}{5}$
  f) $S_1(2/3); S_2(-1/6); \bar{S}_2(5/6); \; y = \frac{1}{3}x^2 - \frac{4}{3}x + \frac{13}{3}$

3 a) $y = (x - 2) \cdot (x + 3)$
  c) $y = (x - \frac{5}{2}) \cdot (x + \frac{1}{2})$
  e) $y = 2 \cdot (x + 1) \cdot (x + 2)$

  b) $y = (x - \frac{5}{2}) \cdot (x - \frac{1}{2})$
  d) $y = (x - 3) \cdot (x - 2)$
  f) $y = (x + \frac{3}{2}) \cdot (x + \frac{5}{2})$

4 a) $f(x) = -x^2 + 6x - 5$
  $ = -(x^2 - 6x + 9 - 9 + 5)$
  $ = -(x - 3)^2 + 4$
  $S(3/4); N_1(5/0); N_2(1/0)$
  c) $U = \overline{N_1 N_2} + \overline{N_1 S} + \overline{N_2 S} = 4 + 2\sqrt{(3-1)^2 + (4-0)^2} \approx 12{,}94$

5 Aufgrund der Symmetrie der Parabel liegt der x-Wert des Scheitels genau zwischen x_1 und x_2, also $x_S = \dfrac{x_1 + x_2}{2}$.

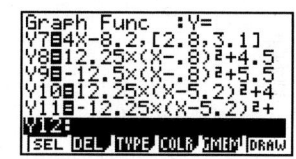

6
```
Graph Func  :Y=
Y1=(X-3)²+1,[1,5]
Y2=-.5X(X-3)²+7,[1,5
Y3=.3X(X-3)²+2,[2.5,
Y4=5,[2.3,2.7]
Y5=5,[3.3,3.7]
Y6=3,[2.8,3.2]
[SEL][DEL][TYPE][COLR][GMEM][DRAW]
```
```
Graph Func  :Y=
Y7=4X-8.2,[2.8,3.1]
Y8=12.25X(X-.8)²+4.5
Y9=-12.5X(X-.8)²+5.5
Y10=12.25X(X-5.2)²+4
Y11=-12.25X(X-5.2)²+
Y12:
[SEL][DEL][TYPE][COLR][GMEM][DRAW]
```

7 a) Ursprung in der Mitte der Brücke: $f(x) = ax^2$.
  $f(506{,}5) = 70$, also $f(x) = \dfrac{280}{1\,026\,169} x^2$
  b) Abstände der Stahltrageseile: $506{,}5 : 4 = 126{,}625$.
  Gesamtlänge: $l = 4 \cdot [f(126{,}625) + f(253{,}25) + f(379{,}875)] = 693{,}4375$.
  c) Da der Punkt $P(5/-4)$ auf der Parabel liegt, hat die Brücke eine Höhe von 4 m. Der Ansatz zur Bestimmung der Breite des 3,19 m hohen Lkws lautet also

$-0{,}16x^2 = -0{,}81$
$x = \pm 2{,}25$
Die Breite des Lkw muss kleiner als 2,25 m sein.

d) $p(x) = -ax^2 + 45$
$p(-50) = -a \cdot 2500 + 45 = 20$
$ a = 0{,}01$
$p(x) = -0{,}01x^2 + 45$
Nullstelle: $p(x) = 0$
$\phantom{\text{Nullstelle: }} x^2 = 4500$
$\phantom{\text{Nullstelle: }} x = \pm\sqrt{4500} \approx \pm 67{,}08$
Entfernung Pfeilerfußpunkte: 134,16 (m).

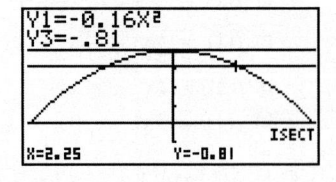

3.1.3 Quadratische Ungleichungen

1 Falls keine Angabe: $D = \mathbb{R}$.
  a) $L = \mathbb{R}\setminus[-1; 1]$
  b) $L = \mathbb{R}$
  c) $L = \mathbb{R}$
  d) $D = \mathbb{R}^*$; $L =]-1; 0[\cup]1; \infty[$
  e) $L = \mathbb{R}\setminus]0; 5[$
  f) $L = \mathbb{R}\setminus[-6; 0]$
  g) $L = \mathbb{R}\setminus]0; 2[$
  h) $L = \mathbb{R}\setminus[-1; 4]$
  i) $L = \{\}$
  j) $L = \mathbb{R}\setminus[-6; 2]$
  k) $L = [1; 2]$
  l) $L = \mathbb{R}\setminus\{-7\}$
  m) $L = \{\}$
  n) $L = \mathbb{R}\setminus]-\tfrac{1}{4}; \tfrac{1}{2}[$
  o) $L = [-\tfrac{1}{3}; \tfrac{1}{8}]$
  p) $L = \{\}$
  q) $L = [-\tfrac{1}{2}; 1]$
  r) $L = \begin{cases}]-\tfrac{3}{2}a; \tfrac{1}{2}a[& \text{für } a > 0 \\ \{\} & \text{für } a = 0 \\ ]\tfrac{1}{2}a; -\tfrac{3}{2}a[& \text{für } a < 0 \end{cases}$
  s) $D = \mathbb{R}\setminus\{1\}$; $L = \mathbb{R}\setminus[\tfrac{1}{2}; 1]$
  t) $D = \mathbb{R}\setminus\{\tfrac{2}{3}\}$; $L =]-5; 1[\cup]\tfrac{3}{2}; \infty[$
  u) $D = \mathbb{R}\setminus\{-1; +1\}$; $L =]-\infty; -1[\cup]1; \tfrac{5}{3}[$
  v) $D = \mathbb{R}\setminus\{0; 3\}$; $L = [-2; 0[\cup [\tfrac{6}{5}; 3[$
  w) $D = \mathbb{R}\setminus\{0; 3\}$; $L =]0; 3[$
  x) $D = \mathbb{R}\setminus\{2; 3\}$; $L =]1; 2[\cup]3; 4[$
  y) $D = \mathbb{R}\setminus\{0; 1\}$; $L =]-5; 0[\cup]1; 4[$
  z) $D = \mathbb{R}\setminus\{1; 4\}$; $L =]-\infty; -1[\cup]1; 2[\cup]4; \infty[$

Lehrbuch Seiten 128, 134

2	2 Lösungen	1 Lösung	keine Lösung
a)	$t \in]-2; \infty[$	$t \in \{-2\}$	$t \in]-\infty; -2[$
b)	$t \in]\frac{27}{2}; \infty[$	$t \in \{\frac{27}{2}\}$	$t \in]-\infty; \frac{27}{2}[$
c)	$t \in \mathbb{R}\setminus[-\sqrt{24}; \sqrt{24}]$	$t \in \{-\sqrt{24}; \sqrt{24}\}$	$t \in]-\sqrt{24}; \sqrt{24}[$
d)	$t \in \mathbb{R}^*$	–	$t \in \{0\}$
e)	$t \in]0; 5[\setminus\{1\}$	$t \in \{0; 1; 5\}$	$t \in \mathbb{R}\setminus[0; 5]$
f)	$t \in]-1; 2[$	$t \in \{-1; 2\}$	$t \in \mathbb{R}\setminus[-1; 2]$
g)	$t \in \mathbb{R}\setminus\{-2; 2\}$	$t \in \{-2; 2\}$	–
h)	$t \in]-\frac{1}{2}; \frac{1}{2}[\setminus\{0\}$	$t \in \{-\frac{1}{2}; \frac{1}{2}\}$	$t \in \mathbb{R}\setminus[-\frac{1}{2}; \frac{1}{2}]$
i)	$t \in \mathbb{R}\setminus[-\frac{5}{9}; 1]$	$t \in \{-\frac{5}{9}; 1\}$	$t \in]-\frac{5}{9}; 1[$
j)	$t \in \mathbb{R}\setminus[-\frac{3}{2}; \frac{1}{2}]$	$t \in \{-\frac{3}{2}; \frac{1}{2}\}$	$t \in]-\frac{3}{2}; \frac{1}{2}[$

3.2 Steigung und Änderungsrate

1 a) $\quad x^2 - tx + 2t = 2x - 1$

$$x_{1/2} = \frac{2+t}{2} \pm \sqrt{(1+\frac{t}{2})^2 - 2t - 1}$$

Untersuchung der Diskriminante:

$(1 + \frac{t}{2})^2 - 2t - 1 \gtreqless 0$

$t \cdot (t - 4) \gtreqless 0$

keinen Schnittpunkt einen Schnittpunkt zwei Schnittpunkte
$t \in]0; 4[$ $\qquad$ $t \in \{0; 4\}$ $\qquad$ $t \in \mathbb{R} \setminus [0; 4]$

b) $\quad 2x^2 + tx + 2 = 2x - \frac{5}{2}$

$$x_{1/2} = \frac{1}{2} - \frac{t}{4} \pm \sqrt{(\frac{1}{2} - \frac{t}{4})^2 - \frac{9}{4}}$$

Untersuchung der Diskriminante:

$(\frac{1}{2} - \frac{t}{4})^2 - \frac{9}{4} \gtreqless 0$

$t^2 - 4t - 32 \gtreqless 0$

$(t - 8)(t + 4) \gtreqless 0$

keinen Schnittpunkt $\qquad$ einen Schnittpunkt $\qquad$ zwei Schnittpunkte
$t \in]-4; 8[$ $\qquad$ $t \in \{-4; 8\}$ $\qquad$ $t \in \mathbb{R}\setminus[-4; 8]$

c) $2x^2 + 2tx - 4t = 6x$

$$x_{1/2} = \frac{3-t}{2} \pm \sqrt{\frac{(3-t)^2}{4} + 2t}$$

Untersuchung der Diskriminante:

$\frac{(3-t)^2}{4} + 2t > 0$ für alle $t \in \mathbb{R}$

keinen Schnittpunkt	einen Schnittpunkt	zwei Schnittpunkte
—	—	$t \in \mathbb{R}$

d) $2x^2 + x + t = x + 2$

$$x_{1/2} = \pm \sqrt{1 - \frac{t}{2}}$$

keinen Schnittpunkt	einen Schnittpunkt	zwei Schnittpunkte
$t \in\ ]2; \infty[$	$t \in \{2\}$	$t \in\ ]-\infty; 2[$

e) $-3x^2 + 2x + 1 = 2x + t$

$$x_{1/2} = \pm \sqrt{\frac{1-t}{3}}$$

keinen Schnittpunkt	einen Schnittpunkt	zwei Schnittpunkte
$t \in\ ]1; \infty[$	$t \in \{1\}$	$t \in\ ]-\infty; 1[$

f) $x^2 - 2x - t = -x - 3$

$$x_{1/2} = \frac{1}{2} \pm \sqrt{t - \frac{11}{4}}$$

keinen Schnittpunkt	einen Schnittpunkt	zwei Schnittpunkte
$t \in\ ]-\infty; \frac{11}{4}[$	$t \in \{\frac{11}{4}\}$	$t \in\ ]\frac{11}{4}; \infty[$

g) $2x^2 + tx + 2 = t(x + 2)$

$x^2 = t - 1$

keinen Schnittpunkt	einen Schnittpunkt	zwei Schnittpunkte
$t \in\ ]-\infty; 1[$	$t \in \{1\}$	$t \in\ ]1; \infty[$

h) $2x^2 + 2tx - 4t = 6x - \frac{1}{2}t^2$

$$x_{1/2} = \frac{3-t}{2} \pm \sqrt{\frac{(3-t)^2}{4} - \frac{1}{4}t^2 + 2t}$$

keinen Schnittpunkt	einen Schnittpunkt	zwei Schnittpunkte
$t \in\ ]-\infty; -\frac{9}{2}[$	$t \in \{-\frac{9}{2}\}$	$t \in\ ]-\frac{9}{2}; \infty[$

2 a) $x^2 + 2x + 1 = mx + b$

$$x_{1/2} = -\frac{2-m}{2} \pm \sqrt{\left(\frac{2-m}{2}\right)^2 - 1 + b}$$

Diskriminante null setzen!

$$\left(\frac{2-m}{2}\right)^2 - 1 + b = 0$$

$$b = m - \frac{m^2}{4}$$

Gesuchte Gleichung: $g_m(x) = mx + m - \dfrac{m^2}{4}$

b) $-2x^2 + x - 5 = mx + b$

$$x_{1/2} = \frac{-m+1}{4} \pm \sqrt{\frac{m^2 - 2m + 1}{16} - \frac{5+b}{2}}$$

Diskriminante null setzen!

$$\frac{m^2 - 2m + 1}{16} - \frac{5+b}{2} = 0$$

$$b = \frac{m^2 - 2m - 39}{8}$$

Gesuchte Gleichung: $g_m(x) = mx + \dfrac{m^2 - 2m - 39}{8}$

3 a) 4; −4; 5
  b) 2; −2; 2,5
  c) 4; 0; 5
  d) −2; 1; 4

4 a) $s(t) = 2{,}53\,t^2 + 10{,}15\,t - 3{,}12$

b)

t in s	$s(t)$ in m	$\dfrac{s(t)-s(2)}{t-2}$ in $\dfrac{\text{m}}{\text{s}}$
4	77,560	25,341
3	50,100	22,809
2,5	38,068	21,543
2,1	29,352	20,530
2,01	27,503	20,302
2,001	27,320	20,279

c)

1,999	27,280	20,274
1,99	27,098	20,251
1,9	25,298	20,023
1,5	17,798	19,011
1	9,560	17,745
0	−3,120	15,213

d) $20{,}27\,\dfrac{\text{m}}{\text{s}}$

5 Die Höhe des Wasserstandes ist anfangs null; nimmt zu, aber immer langsamer, bis schließlich die Zunahme gleichmäßig ist.
Diese Zunahme wird am besten von b) und e) dargestellt. Da b) keinen Knick hat, ist e) richtig.
a), c) stimmen nicht, da gleichmäßige Zunahme.
d) stimmt nicht, da Zunahme anfangs langsamer.

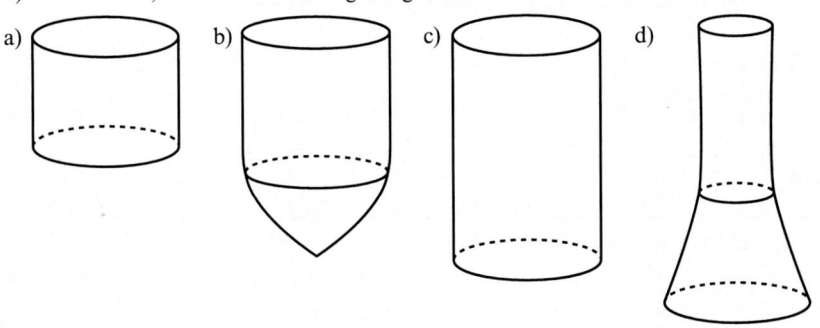

a)   b)   c)   d)

6 a) B_1 – IV
Der Wasserstand in diesem Behälter wird gleichmäßig höher und der Behälter ist am schnellsten gefüllt.
B_2 – VI
Gleichmäßige Zunahme, aber langsamer als B_1.
B_3 – III
Bis zu einem Drittel der Höhe wie B_2, dann wie B_1.
B_4 – V
Erstes und drittes Drittel wie B_1, zweites Drittel wie B_2.

b) Höhe ↑

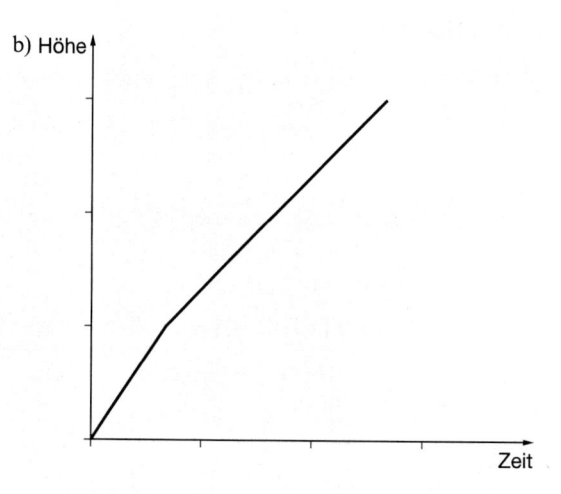

　　　　　　　　　　　　　　　Zeit

7 a) $1\,\frac{mm}{m^2}$ bedeutet, dass 1 Liter Regen auf einen Quadratmeter fällt.

$5\,l \rightarrow 5\,\frac{mm}{m^2}$

b) Es hat von 0 Uhr bis 20 Uhr geregnet. Bis etwa 9 Uhr stärker, dann hat der Regen nachgelassen, ab etwa 14 Uhr wieder mit zunehmender Stärke.

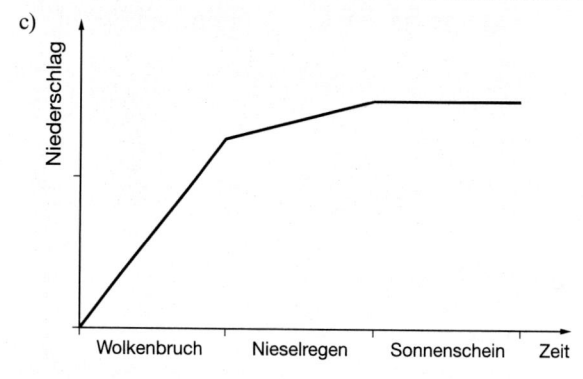

c) Niederschlag

Wolkenbruch　Nieselregen　Sonnenschein　Zeit

3.3 Allgemeine Potenzfunktionen

1 $V(a) = a^3$; $V(1,44\text{ m}) = 3\text{ m}^3$; $V(1,82\text{ m}) = 6\text{ m}^3$; $V(1,5\text{ m}) = 3,375\text{ m}^3$; $V(0,7\text{ m}) = 0,343\text{ m}^3$.

2 $P(1/1)$

3 $y = \frac{2}{x}$

x	y
2,5 cm	0,8 cm
3,75 cm	$0,5\overline{3}$ cm

4 a) $t(2,7) \approx 3,7$ min b) $T(2,7) = 8,\overline{3}$ min

$t(x) = \frac{10}{x}$ min $T(x) = \frac{10}{x - 1,5}$ min

5 a) 10

b) $\frac{20\,000}{n} + 6 = 8$

$n = 10\,000$

c) Nein, da der erste Summand positiv ist. Je mehr Karten gedruckt werden, desto näher liegt der Preis bei 6 ct.

6 a) $-0,25$ b) $-0,25$ c) $-0,1875$

7 Diese Aufgabe bietet die Möglichkeit, einfache Ableitungsregeln zu behandeln.

a), b), c) 12

d) $2 \cdot 12 = 24$ e) $0,25 \cdot 12 = 3$ f) -12

8

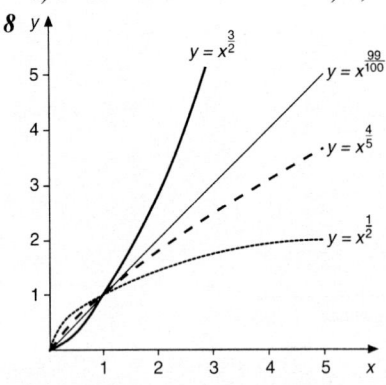

(Graph showing: $y = x^{\frac{3}{2}}$, $y = x^{\frac{99}{100}}$, $y = x^{\frac{4}{5}}$, $y = x^{\frac{1}{2}}$)

9 a) $\mathbb{R}_+$ b) $[2; \infty[$ c) $[-1; \infty[$ d) $\mathbb{R}_+$

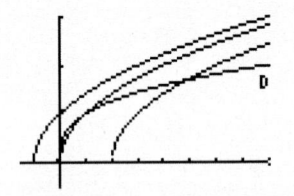

10

	x	−3	−2	−1	0	1	2	3
a)	Punkt	(−3/9)	(−2/4)	(−1/1)	(0/0)	(1/1)	(2/4)	(3/9)
	Tangentensteigung	−6	−4	−2	0	2	4	6
b)	Punkt	(−3/4,5)	(−2/2)	(−1/0,5)	(0/0)	(1/0,5)	(2/2)	(3/4,5)
	Tangentensteigung	−3	−2	−1	0	1	2	3
c)	Punkt	(−3/11)	(−2/6)	(−1/3)	(0/2)	(1/3)	(2/6)	(3/11)
	Tangentensteigung	−6	−4	−2	0	2	4	6
d)	Punkt	(−3/3)	(−2/0)	(−1/−1)	(0/0)	(1/3)	(2/8)	(3/15)
	Tangentensteigung	−4	−2	0	2	4	6	8
e)	Punkt	(−3/−9)	(−2/−4)	(−1/−1)	(0/0)	(1/−1)	(2/−4)	(3/−9)
	Tangentensteigung	6	4	2	0	−2	−4	−6
f)	Punkt	(−3/−18)	(−2/−10)	(−1/−4)	(0/0)	(1/2)	(2/2)	(3/0)
	Tangentensteigung	9	7	5	3	1	−1	−3
g)	Punkt	(−3/25)	(−2/16)	(−1/9)	(0/4)	(1/1)	(2/0)	(3/1)
	Tangentensteigung	−10	−8	−6	−4	−2	0	2
h)	Punkt	(−3/−9)	(−2/−2,67)	(−1/−0,33)	(0/0)	(1/0,33)	(2/2,67)	(3/9)
	Tangentensteigung	9	4	1	0	1	4	9
i)	Punkt	(−3/−7)	(−2/−0,67)	(−1/1,67)	(0/2)	(1/2,33)	(2/4,67)	(3/11)
	Tangentensteigung	9	4	1	0	1	4	9
j)	Punkt	(−3/−12)	(−2/−4,67)	(−1/−1,33)	(0/0)	(1/1,33)	(2/4,67)	(3/12)
	Tangentensteigung	10	5	2	1	2	5	10
k)	Punkt	(−3/3)	(−2/5,33)	(−1/3,67)	(0/0)	(1/−3,67)	(2/−5,33)	(3/−3)
	Tangentensteigung	5	0	−3	−4	−3	0	5
l)	Punkt	(−3/0)	(−2/1,33)	(−1/0,67)	(0/0)	(1/1,33)	(2/6,67)	(3/18)
	Tangentensteigung	3	0	−1	0	3	8	15

Ableitungsfunktion

a) $f'(x) = 2x$
b) $f'(x) = x$
c) $f'(x) = 2x$
d) $f'(x) = 2x$
e) $f'(x) = -2x$
f) $f'(x) = -2x + 3$
g) $f'(x) = 2x - 4$
h) $f'(x) = x^2$
i) $f'(x) = x^2$
j) $f'(x) = x^2 + 1$
k) $f'(x) = x^2 - 4$
l) $f'(x) = x^2 + 2x$

4 Eigenschaften von Funktionen und ihren Graphen

4.1 Abbildungen von Kurven

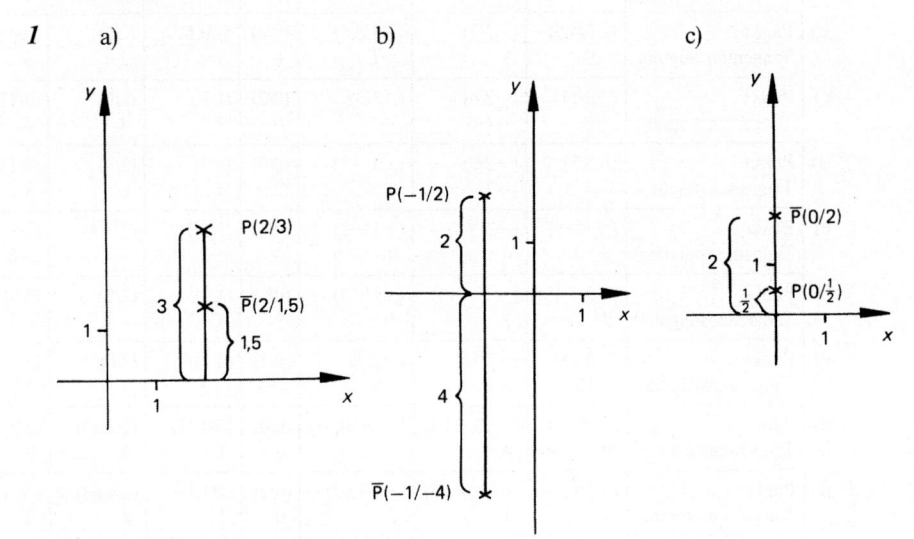

1 a) b) c)

2 a) $\bar{f}(x) = f(x) - 3 = \frac{1}{2}x^2 + 2x + 1$
   b) $\bar{f}(x) = f(x) + 1 = 2|x - 1| + x + 1$
   c) $\bar{f}(x) = f(x) + 4 = \begin{cases} 2x + 4 & \text{für } x < 0 \\ 3x + 4 & \text{für } x \geq 0 \end{cases}$
   d) $\bar{f}(x) = f(x) - 5 = \text{sgn}(x - 1) - 5$

3 a) $\bar{f}(x) = f(x - \frac{1}{2}) = 2|x + \frac{1}{2}| - 2$
   b) $\bar{f}(x) = f(x - 2) = \begin{cases} -4(x - 2) + 8 & \text{für } x - 2 \leq -2 \\ \frac{1}{2}(x - 2) + 1 & \text{für } x - 2 > -2 \end{cases}$
   $= \begin{cases} -4x + 16 & \text{für } x \leq 0 \\ \frac{1}{2}x & \text{für } x > 0 \end{cases}$
   c) $\bar{f}(x) = f(x + \frac{3}{2}) = (x + \frac{3}{2})^2 - 5(x + \frac{3}{2}) + 5$
   $= x^2 - 2x - \frac{1}{4}$
   d) $\bar{f}(x) = f(x + \frac{1}{4}) = \begin{cases} \dfrac{1}{x + \frac{1}{4}} & \text{für } x + \frac{1}{4} < -1 \\ (x + \frac{1}{4})^2 + 2(x + \frac{1}{4}) & \text{für } x + \frac{1}{4} \geq -1 \end{cases}$
   $= \begin{cases} \dfrac{1}{x + \frac{1}{4}} & \text{für } x < -\frac{5}{4} \\ x^2 + \frac{5}{2}x + \frac{9}{16} & \text{für } x \geq -\frac{5}{4} \end{cases}$

Lehrbuch Seite 151

4 a) $\bar{f}(x) = 3 \cdot f(x) = -\frac{3}{2}x + 3$
  b) $\bar{f}(x) = \frac{1}{4} \cdot f(x) = \frac{1}{4}x^2 - \frac{1}{4}x$
  c) $\bar{f}(x) = -2 \cdot f(x) = \begin{cases} -2x^2 + 2 & \text{für } x < -1 \\ -2x^3 - 2 & \text{für } x \geq -1 \end{cases}$
  d) $\bar{f}(x) = -f(x) = -\sqrt{x+3}$

5 a) $\bar{f}(x) = f\left(\dfrac{x}{\frac{1}{2}}\right) = f(2x) = -3(2x) - 1 = -6x - 1$

  b) $\bar{f}(x) = f\left(\dfrac{x}{-\frac{1}{4}}\right) = f(-4x) = \begin{cases} 2 & \text{für } -4x < -1 \\ \frac{3}{4}(-4x) + \frac{11}{4} & \text{für } -1 \leq -4x \leq 3 \\ 5 & \text{für } -4x > 3 \end{cases}$

  $= \begin{cases} 2 & \text{für } x > \frac{1}{4} \\ -3x + \frac{11}{4} & \text{für } -\frac{3}{4} \leq x \leq \frac{1}{4} \\ 5 & \text{für } x < -\frac{3}{4} \end{cases}$

  c) $\bar{f}(x) = f\left(\dfrac{x}{2}\right) = \left(\dfrac{x}{2}\right)^2 - \dfrac{x}{2} = \dfrac{x^2}{4} - \dfrac{x}{2}$

  d) $\bar{f}(x) = f\left(\dfrac{x}{-3}\right) = \begin{cases} \dfrac{1}{(-\frac{x}{3})^2} & \text{für } \left|\dfrac{x}{-3}\right| \geq 1 \\ -\left(\dfrac{x}{-3}\right)^2 + 2 & \text{für } \left|\dfrac{x}{-3}\right| < 1 \end{cases}$

  $= \begin{cases} \dfrac{9}{x^2} & \text{für } |x| \geq 3 \\ -\dfrac{x^2}{9} + 2 & \text{für } |x| < 3 \end{cases}$

6 a) Streckung mit $\frac{1}{3}$ parallel zur y-Achse. b) Streckung mit 3 parallel zur x-Achse.
  c) Schiebung um 1 parallel zur y-Achse. d) Schiebung um 1 parallel zur x-Achse.
  e) Schiebung um -1 parallel zur x-Achse. Streckung mit 2 parallel zur y-Achse.
  f) Schiebung um 1 parallel zur y-Achse. Streckung mit 2 parallel zur y-Achse.
  g) Schiebung um -3 parallel zur x-Achse;
    Streckung mit 2 parallel zur x-Achse;
    Schiebung um 2 parallel zur y-Achse.
  h) Streckung mit $\frac{1}{2}$ parallel zur x-Achse;
    Streckung mit 5 parallel zur y-Achse;
    Schiebung um -7 parallel zur y-Achse.
  i) Schiebung um 1 parallel zur y-Achse;
    Spiegelung an der x-Achse
  j) $\bar{f}(x) = 2 \cdot f(x)$
    Streckung mit 2 parallel zur y-Achse.
  k) Schiebung um -2 parallel zur x-Achse;
    Streckung mit $\frac{1}{3}$ parallel zur y-Achse;
    Schiebung um -2 parallel zur y-Achse.
  l) Spiegelung an der y-Achse;
    Streckung mit 3 parallel zur y-Achse;
    Schiebung mit -2 parallel zur y-Achse.

7 Spiegelung an der 1. Winkelhalbierenden:

a) $g: y = \frac{1}{2}x + 1$

$x = \frac{1}{2}y + 1$

$\hat{g}: y = 2x - 2$

Spiegelung am Ursprung:
$y = -(-2x - 2)$
$\bar{g}: y = 2x + 2$

b) $D_f = \mathbb{R}_+$; $W_f = [1, \infty[$
$D_{\bar{f}} =]-\infty, -1]$; $W_{\bar{f}} = \mathbb{R}_-$
$f: y = x^2 + 1$
$x = y^2 + 1$
$\hat{f}: y = \underset{(-)}{+}\sqrt{x - 1}$, da $W_{\hat{f}} = \mathbb{R}_+$

$\bar{f}: y = -\sqrt{-x - 1}$

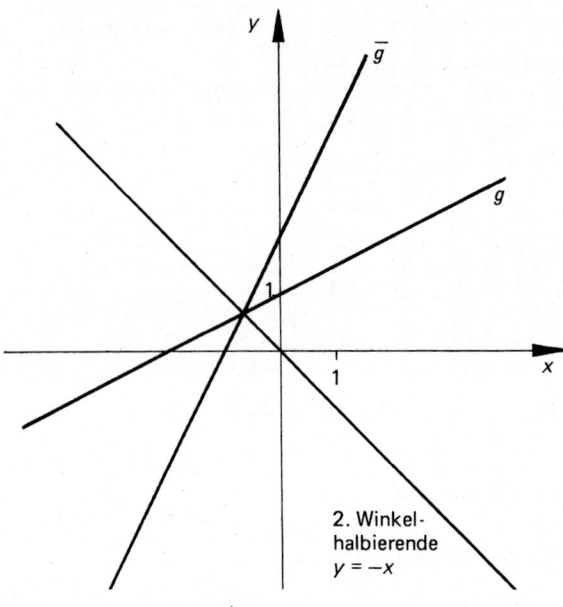

2. Winkelhalbierende
$y = -x$

8

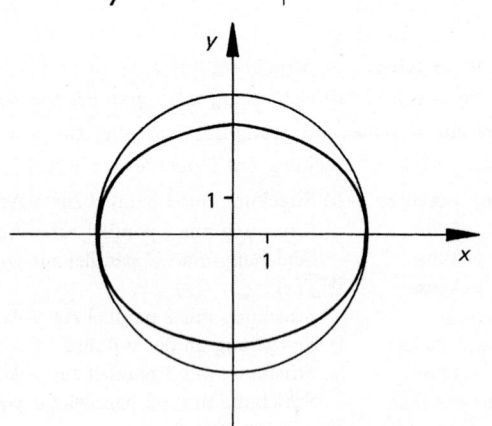

9 a) $f_1(x) = \dfrac{1}{2}\left[f\left(\dfrac{x}{2}+2\right)-2\right]$

$= \dfrac{1}{2}\left[\left(\dfrac{x}{2}+2\right)^2 - 4\left(\dfrac{x}{2}+2\right)+6-2\right] = \dfrac{x^2}{8}$

b) $f_2(x) = \dfrac{1}{2}f\left(\dfrac{x+2}{2}\right)-2$

$= \dfrac{1}{2}\left[\left(\dfrac{x+2}{2}\right)^2 - 4\left(\dfrac{x+2}{2}\right)+6\right]-2 = \dfrac{x^2}{8} - \dfrac{x}{2} - \dfrac{1}{2}$

c) Dieselbe wie in a).

10 a) $\bar{f}(x) = f(x-1) - 3$

$= \begin{cases}(x-1)^2 - 3 & \text{für } x-1 < 0 \\ (x-1) - 3 & \text{für } x-1 \geq 0\end{cases}$

$= \begin{cases}x^2 - 2x - 2 & \text{für } x < 1 \\ x - 4 & \text{für } x \geq 1\end{cases}$

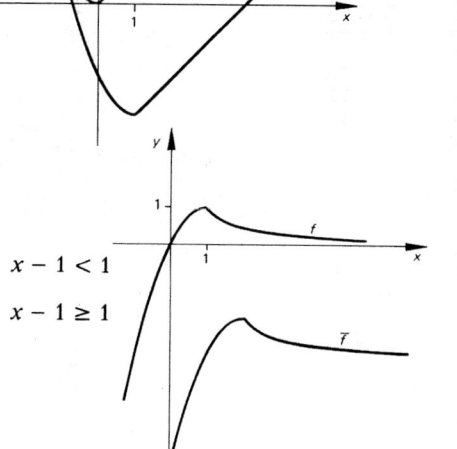

b) $\bar{f}(x) = f(x-1) - 3$

$= \begin{cases}-(x-1)^2 + 2(x-1) - 3 & \text{für } x-1 < 1 \\ \dfrac{1}{x-1} - 3 & \text{für } x-1 \geq 1\end{cases}$

$= \begin{cases}-x^2 + 4x - 6 & \text{für } x < 2 \\ \dfrac{4 - 3x}{x-1} & \text{für } x \geq 2\end{cases}$

11 a) $\bar{f}(x) = -3 \cdot f(-x) + 2$
$= -3 \cdot (|-x - 2| - 3x + 1) + 2$
$= -3 \cdot |x + 2| + 9x - 1$ und $-5 \leq x \leq 2$

Die Reihenfolge der beiden Streckungen kann vertauscht werden.

b) $\bar{f}(x) = -(\frac{1}{4} \cdot f(x - \frac{3}{2}))$
$= -\frac{1}{4} \cdot [(x - \frac{3}{2})^2 + 2(x - \frac{3}{2}) - 4]$
$= -\frac{1}{4}x^2 + \frac{1}{4}x + \frac{19}{16}$ und $x \geq \frac{3}{2}$

Die Reihenfolge der Abbildungen kann beliebig geändert werden.

c) $\bar{f}(x) = f\left(\dfrac{x - 1}{-\frac{1}{2}} + 2\right) - 3 = f(-2x + 4) - 3$

$= \dfrac{2(-2x + 4)}{(-2x + 4) - 2} - 3 = \dfrac{-2x + 4}{-x + 1} - 3$

$= \dfrac{x + 1}{-x + 1}$ und $x \neq 1$

Es spielt keine Rolle, wann die Schiebung um 3 nach unten durchgeführt wird.

d) $\bar{f}(x) = \dfrac{1}{2} \cdot \left(f\left(\dfrac{x}{2 \cdot \frac{1}{3}}\right) + 1 \right)$

$= \frac{1}{2} \cdot \begin{cases} 2 & \text{für } |\frac{3}{2}x| \geq 1 \\ |\frac{3}{2}x| + 1 & \text{für } |\frac{3}{2}x| < 1 \end{cases}$

$= \begin{cases} 1 & \text{für } |x| \geq \frac{2}{3} \\ \frac{3}{4}|x| + \frac{1}{2} & \text{für } |x| < \frac{2}{3} \end{cases}$

Die Schiebung parallel zur y-Achse muss vor der Streckung parallel zur y-Achse erfolgen. Sonst ist die Reihenfolge beliebig.

12 a) $f(x) = (x - 2)^2 + 1$
$\bar{f}(x) = f(x + 2) - 1 = x^2$

b) $f(x) = \frac{1}{3}(x + 3)^2 + 3$
$\bar{f}(x) = f(x - 3) - 3 = \frac{1}{3}x^2$

c) $f(x) = 2(x - \frac{1}{2})^2 + \frac{1}{2}$
$\bar{f}(x) = f(x + \frac{1}{2}) - \frac{1}{2} = 2x^2$

d) $f(x) = 2(x - 1)^2 - 2$
$\bar{f}(x) = f(x + 1) + 2 = 2x^2$

13 a) f_1: Schiebung um 1 parallel zur y-Achse
$$f_1(x) = f(x) + 1 = (\tfrac{1}{2}x + 1) + 1 = \tfrac{1}{2}x + 2$$
f_2: Schiebung um -2 parallel zur y-Achse; Streckung mit 2 parallel zur x-Achse
$$f_2(x) = f(\tfrac{x}{2}) - 2 = (\tfrac{1}{2} \cdot \tfrac{x}{2} + 1) - 2 = \tfrac{1}{4}x - 1$$
f_3: Spiegelung an der x-Achse
$$f_3(x) = -f(x) = -\tfrac{1}{2}x - 1$$

b) f_1: Schiebung um -3 parallel zur y-Achse; Schiebung um -1 parallel zur x-Achse
$$f_1(x) = f(x + 1) - 3 = ((x + 1)^2 + 1) - 3 = x^2 + 2x - 1$$

c) f_1: Schiebung um -3 parallel zur y-Achse; Schiebung um -4 parallel zur x-Achse
$$f_1(x) = f(x + 4) - 3 = (|x + 4 - 3| + 1) - 3 = |x + 1| - 2$$

f_2: Streckung mit 2 parallel zur x-Achse; Schiebung um -5 parallel zur y-Achse
$$f_2(x) = f(\tfrac{x}{2}) - 5 = (|\tfrac{x}{2} - 3| + 1) - 5 = \tfrac{1}{2} \cdot |x - 6| - 4$$

oder

d) $f(x) = (x - 3)^2 - 2$
f_{links}: Schiebung um 5 nach links und 2 nach unten
$f_{\text{links}}(x) = f(x + 5) - 2 = (x + 2)^2 - 4$
f_{rechts}: Spiegelung an der x-Achse; Schiebung um 1 nach oben und 2 nach rechts
$f_{\text{rechts}}(x) = -f(x - 2) + 1 = -(x - 5)^2 + 3$

4.2 Symmetrie

1 a) ungerade b) ungerade
c) gerade d) gerade
e) ungerade f) gerade
g) gerade h) gerade
i) weder gerade noch ungerade j) ungerade
k) ungerade l) gerade

m) $f(-x) = \dfrac{g(-x) + g(-(-x))}{2} = \dfrac{g(-x) + g(x)}{2} = f(x)$ gerade

n) $-f(-x) = -\dfrac{g(-x) - g(-(-x))}{2} = -\dfrac{g(-x) - g(x)}{2} = f(x)$ ungerade

2 Wir verschieben den Graphen so, dass seine Symmetrieachse auf die y-Achse bzw. sein Symmetriezentrum auf den Ursprung fällt. Wir beweisen dann die Symmetrie des verschobenen Graphen zur y-Achse oder zum Ursprung.

a) $\bar{f}(x) = f(x + 2) = (x + 2)^2 - 4(x + 2) + 9$
$= x^2 + 4x + 4 - 4x - 8 + 9$
$= x^2 + 5$
$\bar{f}(x) = \bar{f}(-x) \Rightarrow$ Achsensymmetrie zur y-Achse

b) $\bar{f}(x) = f(x - 1) - 3 = \dfrac{3(x-1) + 4}{x - 1 + 1} - 3$

$= \dfrac{3x + 1}{x} - 3 = \dfrac{1}{x}$

$\bar{f}(x) = -\bar{f}(-x) \Rightarrow$ Punktsymmetrie zum Ursprung

c) $\bar{f}(x) = f(x - 5) = -4|x - 5 + 5| - 3$
$= -4|x| - 3$
$\bar{f}(x) = \bar{f}(-x) \Rightarrow$ Achsensymmetrie zur y-Achse

d) $\bar{f}(x) = f(x + 2) - 6 = 7(x + 2) - 8 - 6 = 7x$
$\bar{f}(x) = -\bar{f}(-x) \Rightarrow$ Punktsymmetrie zum Ursprung
oder: Eine Gerade ist zu jedem ihrer Punkte symmetrisch.

e) $\bar{f}(x) = f(x + 2) = \begin{cases} -(x+2)^3 + 6(x+2)^2 - 12(x+2) + 7 & \text{für } x + 2 < 2 \\ (x+2)^3 - 6(x+2)^2 + 12(x+2) - 9 & \text{für } 2 \leq x + 2 \end{cases}$

$= \begin{cases} -x^3 - 1 & \text{für } x < 0 \\ x^3 - 1 & \text{für } 0 \leq x \end{cases}$

$\bar{f}(-x) = \begin{cases} -(-x)^3 - 1 & \text{für } -x < 0 \\ (-x^3) - 1 & \text{für } 0 \leq -x \end{cases}$

$= \begin{cases} x^3 - 1 & \text{für } 0 < x \\ -x^3 - 1 & \text{für } x \leq 0 \end{cases}$

$= \begin{cases} x^3 - 1 & \text{für } 0 \leq x \\ -x^3 - 1 & \text{für } x < 0 \end{cases} = \bar{f}(x)$

$\Rightarrow$ Achsensymmetrie zur y-Achse

3

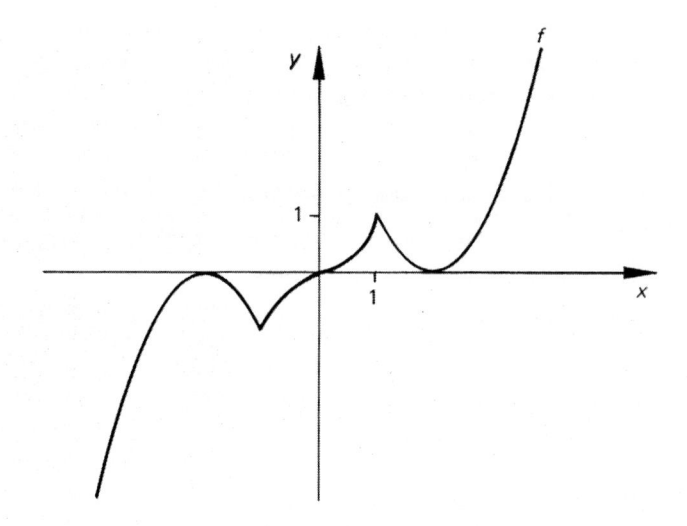

Nullstellen:

I. $-4 \leq x < -1$
$-x^2 - 4x - 4 = 0$
$x_1 = -2$
$N_1(-2/0)$

II. $|x| \leq 1$
$\frac{1}{2}x^3 + \frac{1}{2}x = 0$
$x_2 = 0$
$N_2(0/0)$

III. $1 < x \leq 4$
$x^2 - 4x + 4 = 0$
$x_3 = 2$
$N_3(2/0)$

Untersuchung, ob f gerade oder ungerade ist:

$$f(-x) = \begin{cases} -x^2 + 4x - 4 & \text{für } -4 \leq -x < -1 \\ -\frac{1}{2}x^3 - \frac{1}{2}x & \text{für } |-x| \leq 1 \\ x^2 + 4x + 4 & \text{für } 1 < -x \leq 4 \end{cases}$$

$$= \begin{cases} -x^2 + 4x - 4 & \text{für } 1 < x \leq 4 \\ -\frac{1}{2}x^3 - \frac{1}{2}x & \text{für } |x| \leq 1 \\ x^2 + 4x + 4 & \text{für } -4 \leq x < -1 \end{cases}$$

$$-f(-x) = \begin{cases} x^2 - 4x + 4 & \text{für } 1 < x \leq 4 \\ \frac{1}{2}x^3 + \frac{1}{2}x & \text{für } |x| \leq 1 \\ -x^2 - 4x - 4 & \text{für } -4 \leq x < -1 \end{cases}$$

Da $f(x) = -f(-x)$ für alle $x \in \mathbb{R}$ gilt, ist die Funktion ungerade.

4 a) $f(x) = f(-x)$ für alle $x \in \mathbb{R}$

$f(x) = a_2 x^2 + a_1 x + a_0$
$f(-x) = a_2 x^2 - a_1 x + a_0$

Aus dem Koeffizientenvergleich folgt:

$a_1 = -a_1 \Leftrightarrow a_1 = 0$

f ist genau dann gerade, wenn $a_1 = 0$ gilt.

b) $f(x) = a_2x^2 + a_1x + a_0$
$-f(-x) = -a_2x^2 + a_1x - a_0$
Aus dem Koeffizientenvergleich folgt:
$$a_2 = -a_2 \quad \wedge \quad a_0 = -a_0$$
$$\Leftrightarrow \quad a_2 = 0 \quad \wedge \quad a_0 = 0$$
f ist genau dann ungerade, wenn $a_2 = a_0 = 0$ gilt.

c) f ist weder gerade noch ungerade, wenn $a_2 \neq 0 \wedge a_1 \neq 0$ oder wenn $a_1 \neq 0 \wedge a_0 \neq 0$.

5 I. $f(x) = 0$
II. Jede Funktion f mit $D = \{\}$.

6 I. $f(x) = 0$
II. Jede Funktion f mit $D = \{\}$.

4.3 Monotone Funktionen

1 a) $f(x) = \frac{1}{3}x^3 + \frac{1}{2}x^2 - 2x$

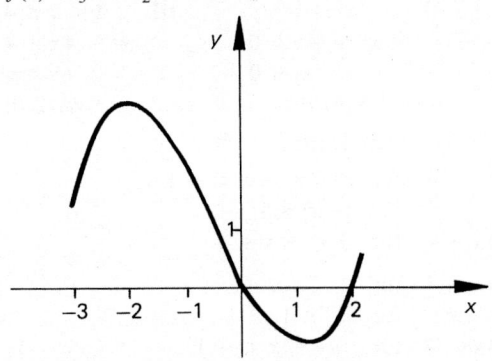

x	$f(x)$	
-2	$\frac{10}{3}$	H.P.
1	$-\frac{7}{6}$	T.P.

$x \leq -2$: streng monoton steigend
$-2 \leq x \leq 1$: streng monoton fallend
$1 \leq x$: streng monoton steigend

b) $f(x) = 2x^3 - 3x^2 + 2$

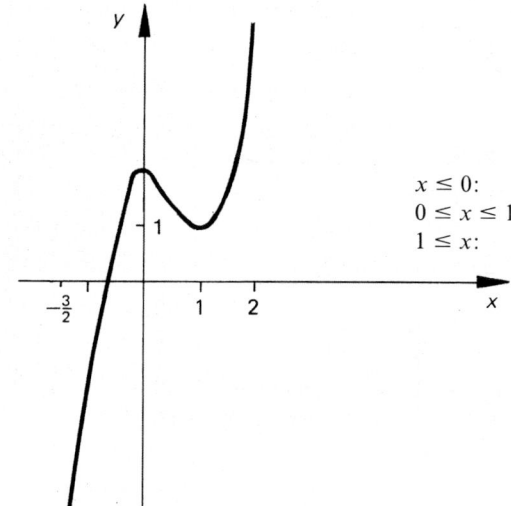

x	$f(x)$	
0	2	H.P.
1	1	T.P.

$x \leq 0$: streng monoton steigend
$0 \leq x \leq 1$: streng monoton fallend
$1 \leq x$: streng monoton steigend

c) $f(x) = \frac{1}{3}x^3 - \frac{3}{2}x^2 + \frac{5}{2}$

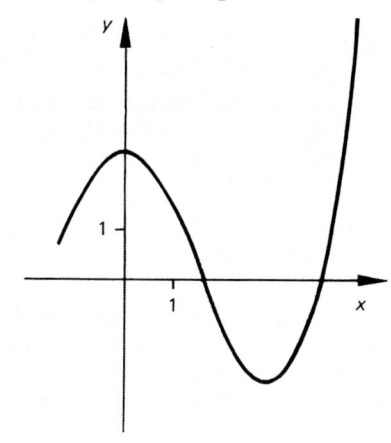

x	$f(x)$	
0	2,5	H.P.
3	-2	T.P.

$x \leq 0$: streng monoton steigend
$0 \leq x \leq 3$: streng monoton fallend
$3 \leq x$: streng monoton steigend

d) $f(x) = |x| \cdot \text{sgn}(x) = x$

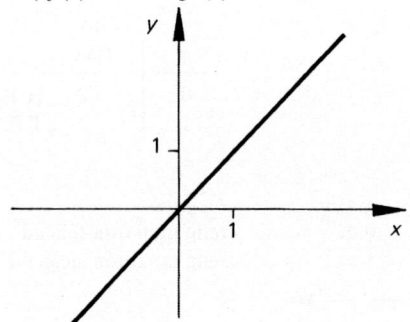

streng monoton steigend in $\mathbb{R}$

e) $f(x) = \begin{cases} -x^2 - 4x - 1 & \text{für } x \leq -1 \\ x^2 + 1 & \text{für } x > -1 \end{cases}$

$= \begin{cases} -(x+2)^2 + 3 & \text{für } x \leq -1; \text{ Normalparabel mit } S(-1/3) \\ x^2 + 1 & \text{für } x > -1; \text{ Normalparabel mit } S(0/1) \end{cases}$

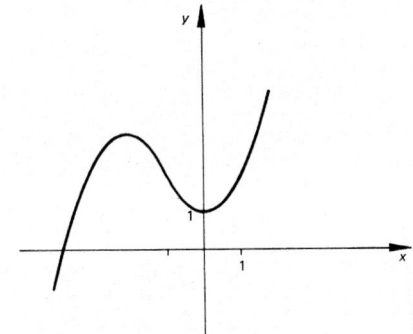

$x \leq -2$: streng monoton steigend
$-2 \leq x \leq 0$: streng monoton fallend
$0 \leq x$: streng monoton steigend

f) $f(x) = |x - 2| \cdot |x + 2|$

$= \begin{cases} x^2 - 4 & \text{für } x \leq -2; \text{ Normalparabel mit } S(0/-4) \\ -x^2 + 4 & \text{für } -2 < x < 2; \text{ Normalparabel mit } S(0/4) \\ x^2 - 4 & \text{für } 2 \leq x; \text{ Normalparabel mit } S(0/-4) \end{cases}$

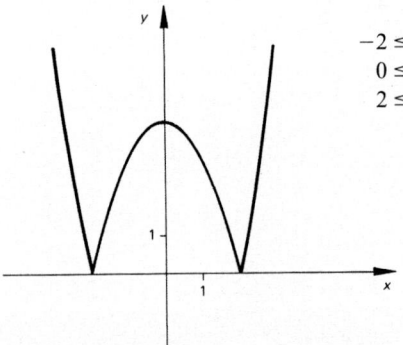

$x \leq -2$: streng monoton fallend
$-2 \leq x \leq 0$: streng monoton steigend
$0 \leq x \leq 2$: streng monoton fallend
$2 \leq x$: streng monoton steigend

2 a) $\quad x_1 < x_2$
$\Rightarrow 4x_1 + 5 < 4x_2 + 5$
$\Rightarrow f(x_1) < f(x_2)$
$\Rightarrow f$ ist streng monoton steigend.

b) $\quad x_1 < x_2$
$\Rightarrow \dfrac{1}{x_2} < \dfrac{1}{x_1}$, da $x_1, x_2 > 0$
$\Rightarrow f(x_1) > f(x_2)$
$\Rightarrow f$ ist streng monoton fallend.

c) $\quad x_1 < x_2 \mid \cdot x_1$
$\Rightarrow x_1^2 > x_1 x_2 \quad (1)$
$\quad x_1 < x_2 \mid \cdot x_2$
$\Rightarrow x_1 x_2 > x_2^2 \quad (2)$
Aus (1) und (2) folgt:
$x_1^2 > x_2^2$
$\Rightarrow \dfrac{1}{x_2^2} > \dfrac{1}{x_1^2}$
$\Rightarrow f(x_1) < f(x_2)$
$\Rightarrow f$ ist streng monoton steigend.

d) $\quad x_1 < x_2$
$\Rightarrow -x_1 > -x_2$
$\Rightarrow 1 - x_1 > 1 - x_2$
$\Rightarrow \dfrac{(1-x_1)(1+x_1)}{(1+x_1)} > \dfrac{(1-x_2)(1+x_2)}{(1+x_2)}$
$\Rightarrow \dfrac{1-x_1^2}{1+x_1} > \dfrac{1-x_2^2}{1+x_2}$
$\Rightarrow f(x_1) > f(x_2)$
$\Rightarrow f$ ist streng monoton fallend.

e) $\quad x_1 < x_2$
$\Rightarrow x_1^2 > x_1 x_2 \wedge x_1 x_2 > x_2^2$
$\Rightarrow x_1^2 > x_2^2$
$\Rightarrow -4x_1^2 < -4x_2^2$
$\Rightarrow f(x_1) < f(x_2)$
$\Rightarrow f$ ist streng monoton steigend.

f) $\quad x_1 < x_2$
$\Rightarrow x_1^2 < x_1 x_2 \wedge x_1 x_2 < x_2^2$
$\Rightarrow x_1^2 < x_2^2$
$\Rightarrow 2x_1^2 + 3 < 2x_2^2 + 3$
$\Rightarrow f(x_1) < f(x_2)$
$\Rightarrow f$ ist streng monoton steigend.

4.4 Umkehrfunktionen

1 a), b), d), f) umkehrbar;
c), e) nicht umkehrbar, da Funktionswerte mehrere Urbilder haben.

2 a) Zu jedem Funktionswert gibt es genau ein Urbild $\Rightarrow f^{-1}$ existiert
$D_f = W_{f^{-1}} = \mathbb{R}$
$W_f = D_{f^{-1}} = \mathbb{R}$

$$f: y = \tfrac{1}{3}x + 2$$
$$x = \tfrac{1}{3}y + 2$$
$$f^{-1}: y = 3x - 6$$

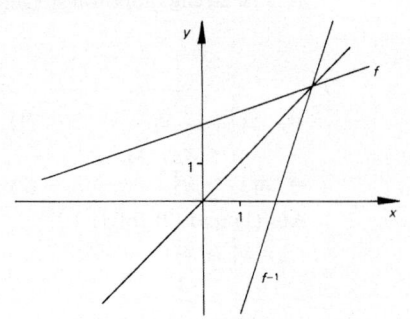

b)

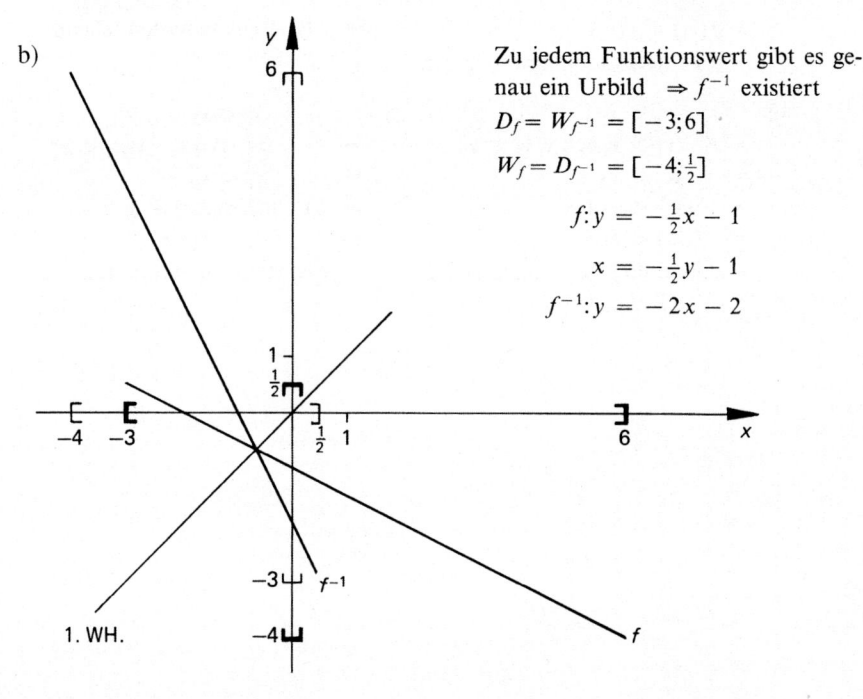

Zu jedem Funktionswert gibt es genau ein Urbild $\Rightarrow f^{-1}$ existiert
$D_f = W_{f^{-1}} = [-3; 6]$
$W_f = D_{f^{-1}} = [-4; \tfrac{1}{2}]$

$$f: y = -\tfrac{1}{2}x - 1$$
$$x = -\tfrac{1}{2}y - 1$$
$$f^{-1}: y = -2x - 2$$

1. WH.

c)

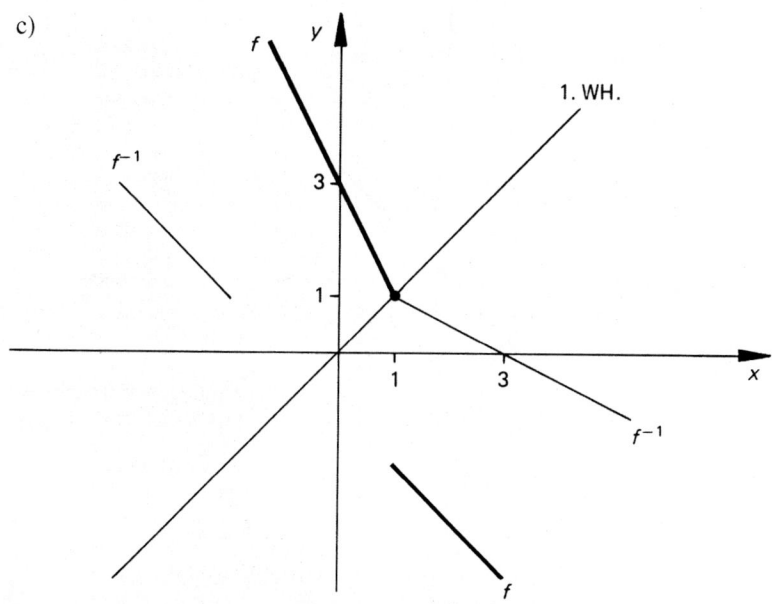

Zu jedem Funktionswert gibt es genau ein Urbild $\Rightarrow f^{-1}$ existiert

$D_f = W_{f^{-1}} = \mathbb{R}$
$W_f = D_{f^{-1}} = \mathbb{R}\setminus[-2;1[$
$f_1: y = -2x + 3$
$x = -2y + 3$
$f_1^{-1}: y = -\frac{1}{2}x + \frac{3}{2}$
$f_2: y = -x - 1$
$x = -y - 1$
$f_2^{-1}: y = -x - 1$

$f^{-1}(x) = \begin{cases} -x - 1 & \text{für } x < -2 \\ -\frac{1}{2}x + \frac{3}{2} & \text{für } x \geq 1 \end{cases}$

d)

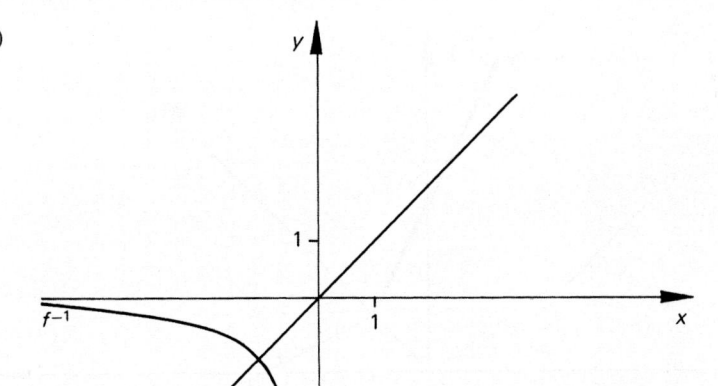

1. WH.

Zu jedem Funktionswert gibt es genau ein Urbild $\Rightarrow f^{-1}$ existiert
$D_f = W_{f^{-1}} = \mathbb{R}^*_-$
$W_f = D_{f^{-1}} = \mathbb{R}^*_-$

$$f: y = \frac{1}{x}$$

$$x = \frac{1}{y}$$

$$f^{-1}: y = \frac{1}{x}$$

e)

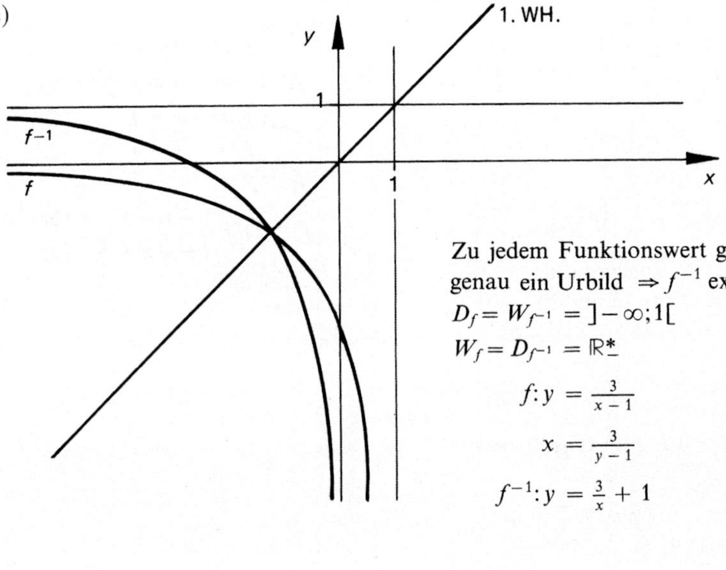

1. WH.

Zu jedem Funktionswert gibt es genau ein Urbild $\Rightarrow f^{-1}$ existiert
$D_f = W_{f^{-1}} = \,]-\infty; 1[$
$W_f = D_{f^{-1}} = \mathbb{R}^*_-$

$$f: y = \frac{3}{x-1}$$

$$x = \frac{3}{y-1}$$

$$f^{-1}: y = \frac{3}{x} + 1$$

Lehrbuch Seiten 168, 169

f)

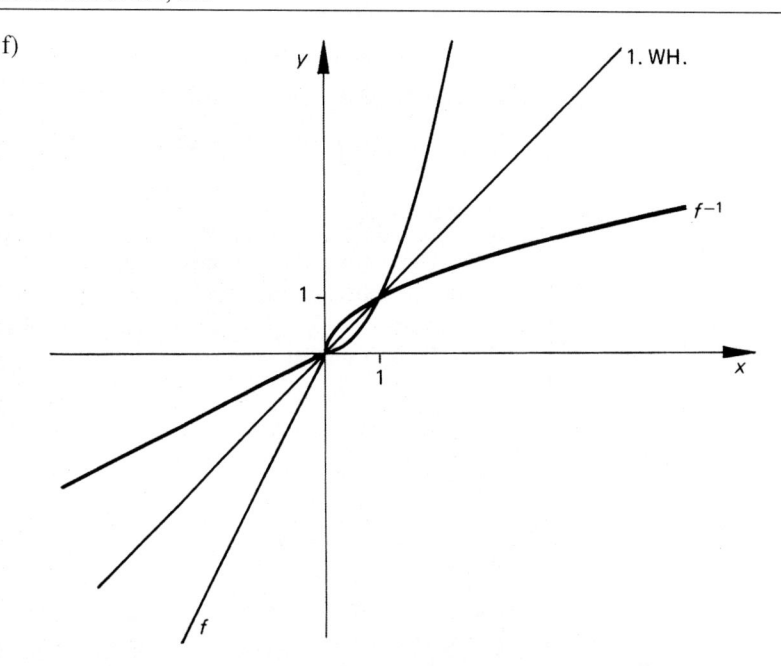

Zu jedem Funktionswert gibt es genau ein Urbild $\Rightarrow f^{-1}$ existiert

$D_f = W_{f^{-1}} = \mathbb{R}$
$W_f = D_{f^{-1}} = \mathbb{R}$
$f_1: y = 2x$
$\quad x = 2y$
$f_1^{-1}: y = \tfrac{1}{2}x$

$f_2: y = x^2$
$\quad x = y^2$
$\quad y = \underset{(-)}{+}\sqrt{x}$, da $W_{f_2^{-1}} = \mathbb{R}_+$
$f_2^{-1}: y = \sqrt{x}$

$f^{-1}(x) = \begin{cases} \tfrac{1}{2}x & \text{für } x \in \mathbb{R}^*_- \\ \sqrt{x} & \text{für } x \in \mathbb{R}_+ \end{cases}$

3 Die Funktionen mit den Gleichungen a) und c) sind nicht umkehrbar, die mit den Gleichungen b) und d) umkehrbar.
Nicht umkehrbar sind Potenzfunktionen mit gerader Hochzahl, umkehrbar solche mit ungerader Hochzahl.

4 b) $f(x) = \tfrac{1}{2}x + 2; \ D = \mathbb{R} \Rightarrow f^{-1}(x) = 2x - 4; \ D = \mathbb{R}$.
($f(x) = 2x - 3; \ D = \mathbb{R} \Rightarrow f^{-1}(x) = \tfrac{1}{2}x + \tfrac{3}{2}; \ D = \mathbb{R}$.)

5 a) $f(x) = \tfrac{1}{4}x^2; \ D_f = \mathbb{R}_+; \ W_f = \mathbb{R}_+ \Rightarrow f^{-1}(x) = 2 \cdot \sqrt{x}; \ D_{f^{-1}} = \mathbb{R}_+; \ W_{f^{-1}} = \mathbb{R}_+$
b) $f(x) = x^2 - 4; \ D_f = \mathbb{R}_+; \ W_f = [-4; \infty[$
$\Rightarrow f^{-1}(x) = \sqrt{x + 4}; \ D_{f^{-1}} = [-4; \infty[; \ W_{f^{-1}} = \mathbb{R}_+$

6 a) $f^{-1}(x) = \frac{1}{2}x + \frac{2}{3}$; $D_{f^{-1}} = \,]-3;\infty[$ und $S(3/3)$

b) $f^{-1}(x) = 2x - 2$; $D_{f^{-1}} = \,]1;\infty[$ und $S(2/2)$

c) $f^{-1}(x) = \frac{1}{x+1}$; $D_{f^{-1}} = \,]-1;\infty[$ und $S\left(\frac{-1+\sqrt{5}}{2}\Big/\frac{-1+\sqrt{5}}{2}\right)$

d) $f^{-1}(x) = \sqrt{x}$; $D_{f^{-1}} = \mathbb{R}_+^*$ und $S(1/1)$

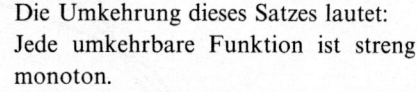

7

Die Umkehrung dieses Satzes lautet: Jede umkehrbare Funktion ist streng monoton.

Die Umkehrung ist nicht richtig z. B.

$f(x) = \begin{cases} -\frac{1}{x} & \text{für } x < 0 \\ -x & \text{für } x \geq 0 \end{cases}$

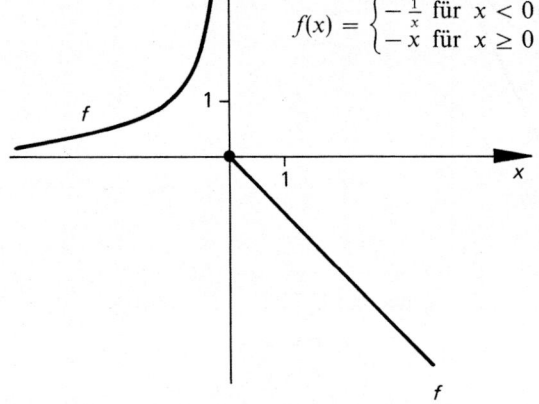

8 $f: y = mx + b$ und $f^{-1}: y = \frac{1}{m}x - \frac{b}{m}$

Aus $f = f^{-1}$ folgt durch Koeffizientenvergleich:

$m = \frac{1}{m} \wedge b = -\frac{b}{m}$

$m^2 = 1 \wedge b \cdot (1 + \frac{1}{m}) = 0$

$m^2 = 1 \Rightarrow m_{1/2} = \pm 1$

$b_1 \cdot (1 + 1) = 0 \Rightarrow b_1 = 0$

$b_2 \cdot (1 - 1) = 0 \Rightarrow b_2 \in \mathbb{R}$

Involutorisch sind die linearen Funktionen

$f(x) = x$ 1. Winkelhalbierende

$f(x) = -x + b; b \in \mathbb{R}$ alle Senkrechten zur 1. Winkelhalbierenden

Lehrbuch Seite 174

5 Ganzrationale Funktionen

5.1 Ganzrationale Funktionen und ihre Schaubilder

1 a) $a_5 = 2$; $a_4 = 0{,}5$; $a_3 = 8$; $a_2 = -3$; $a_1 = -1$; $a_0 = -7$ Grad 5
   b) $a_6 = 1$; $a_4 = \sqrt{2}$; $a_2 = -5$; $a_5 = a_3 = a_1 = a_0 = 0$ Grad 6, normiert
   c) $a_1 = -1$; $a_0 = -3{,}5$ Grad 1
   d) $a_0 = 3$ Grad 0
   e) $a_4 = -1$; $a_3 = 1$; $a_2 = 0{,}2$; $a_1 = 4$; $a_0 = -8$ Grad 4
   f) $a_4 = 1$; $a_3 = -6$; $a_2 = 5$; $a_1 = a_0 = 0$ Grad 4, normiert
   g) $a_3 = 3$; $a_1 = -3$; $a_2 = a_0 = 0$ Grad 3
   h) $a_0 = 1$ Grad 0, normiert

2 a) $f(x) = x^3 - 3x^2 + 4$
   b) $f(x) = -x^7 + 4x^6 - 2x^3 - 2x^2 - 2x$
   c) $f(x) = 0{,}5x^6 + 2x^3 + 1$
   d) $f(x) = x^4 + x^3 + x^2 + x - 8$

3 gerade: a), c), d), i), j)   ungerade: b), f), j)
   weder noch: e), g), h)   beides: j)

4 a) $f(1-u) = (1-u)^2 - 2(1-u) = u^2 - 1$; $f(1+u) = u^2 - 1$
   b) $f(1-u) = f(1+u) = 2{,}5 + \dfrac{u^2}{2}$
   c) $f(1 \pm u) = -u^2 + 5$ d) $f(1 \pm u) = 3$

5 a) $a = 2$; $b = 4$; $c = 0$; $d = -8$
   b) $a = 2$; $b = 0$; $c = 1$; $d = \tfrac{1}{2}$
   c) $a = 1$; $b = 0$; $c = 1$; $d = 0$
   d) $\left.\begin{array}{l} a = 2b \\ a = b - 3 \end{array}\right\} \Rightarrow a = -6;\ b = -3;\ d = 0$
   e) $\left.\begin{array}{l} a = b + 1 \\ -a = 2b \end{array}\right\} \Rightarrow a = \tfrac{2}{3};\ b = -\tfrac{1}{3};\ d = -1$
   f) $\left.\begin{array}{l} \tfrac{1}{2}b = 2a \\ -(a+b) = a + 2 \end{array}\right\} \Rightarrow a = -\tfrac{1}{3};\ b = -\tfrac{4}{3}$

6 a) $f(-x) = \dfrac{(-x)^2 - 1}{-x} = \dfrac{x^2 - 1}{-x} = -\dfrac{x^2 - 1}{x} = -f(x)$

b) $f(-x) = \dfrac{(-x)^3 - (-x)}{(-x)^2} = \dfrac{-x^3 + x}{x^2} = -\dfrac{x^3 - x}{x^2} = -f(x)$

c) $f(x) = x^5$ nur ungerade Potenz

d) $f(x) = x^3 - x$ nur ungerade Potenzen

7 a) $f(x) = x^3 + 1$; $N(-1/0)$
b) $f(x) = 3x^3 - 4x^2 + x - 9$; $N(2/0)$
c) $f(x) = x^5 - x^4 + 3x^2 - 14x$; $N_1(-1,9/0)$, $N_2(0/0)$, $N_3(2/0)$
d) $f(x) = \frac{9}{14}x^3 + x^2 - x + \frac{47}{14}$; $N(-2,8/0)$
e) $f(x) = -x^4 + 2x^3 + x + 6$; $N_1(-1,2/0)$, $N_2(2,5/0)$
f) $f(x) = -x^5 + \frac{67}{15}x^4 - \frac{271}{15}x^2 + \frac{73}{5}x + 1$; $N_1(-2/0)$, $N_2(-1/0)$, $N_3(1,1/0)$, $N_4(2,3/0)$, $N_5(3,1/0)$

8 Man legt ein Koordinatensystem über die Karte, der Ursprung liegt in der linken oberen Ecke, die x-Achse auf dem linken, die y-Achse auf dem oberen Rand der Karte.
Man bestimmt mehrere Punkte in der Mitte des Tibers.
Der GTR liefert die Gleichung der Regressionskurve, z. B.
$y = -0,277x^4 + 2,648x^3 - 8,081x^2 + 8,594x + 0,390$.

9 a) Beispielsweise für die Bundesanleihe

	Jan.	Feb.	März	April	Mai	Juni	Juli	Aug.	Sept.	Okt.
Tagesnummer (jeweils Monatsanfang)	1	32	60	91	121	152	182	213	244	274
Rendite in Prozent	3,7	3,6	3,7	3,6	3,4	3,3	3,2	3,4	3,2	3,2

Lineare Regressionskurve $y = -0,002x + 3,706$

b) 1. 4.–1. 10.: $\dfrac{-0,4\%}{183 \text{ Tage}} \approx -0,002 \tfrac{\%}{\text{Tag}}$

1. 4.–1. 5.: $\dfrac{-0,2\%}{30 \text{ Tage}} \approx -0,007 \tfrac{\%}{\text{Tag}}$

am 1. 4.: Steigung der linearen Regressionskurve $-0,002 \tfrac{\%}{\text{Tag}}$

a) c) Beispielsweise für die US-Staatsanleihe

	Jan.	Feb.	März	April	Mai	Juni	Juli	Aug.	Sept.	Okt.
Tagesnummer (jeweils Monatsanfang)	1	32	60	91	121	152	182	213	244	274
Rendite in %	4,2	4,1	4,4	4,5	4,2	3,9	4,0	4,3	4,0	4,3

Regressionskurve 4. Grades:
$y = -3,5 \cdot 10^{-10}x^4 + 3,8 \cdot 10^{-7}x^3 - 1,1 \cdot 10^{-4}x^2 + 0,009x + 4,118$

Renditeänderung:

1. 4.–1. 10.: $\dfrac{-0,2\%}{183 \text{ Tage}} \approx -0,001 \tfrac{\%}{\text{Tag}}$

1. 4.–1. 5.: $\dfrac{-0,3\%}{30 \text{ Tage}} \approx -0,01 \tfrac{\%}{\text{Tag}}$

am 1. 4.: $-0,003 \tfrac{\%}{\text{Tag}}$ (Steigung der Tangente oder Grenzwert der Differenzenquotienten)

Lehrbuch Seiten 176, 181

10 a) Beispielsweise

Tag	30.9. 1	7.10. 8	14.10. 15	21.10. 22	28.10. 29	4.11. 36	11.11. 43	18.11. 50	23.11. 55
Depotwert in EUR	48700	48900	47200	45600	45200	46400	47900	48900	49900

Regressionskurve: $y = 0{,}033x^3 + 2{,}404x^2 - 218{,}320x + 49489{,}206$

b) $226{,}347 \dfrac{\text{EUR}}{\text{Tag}}$ (Steigung der Tangente oder Grenzwert der Differenzenquotienten)

11 Beispielsweise

a)

Monat	1/96 1	1/97 2	1/98 3	1/99 4	1/00 5	1/01 6	1/02 7	1/03 8
Preis in EUR/t	37	38	39	32	30	42	49	37

Regressionskurve: $y = -0{,}282x^4 + 4{,}903x^3 - 27{,}983x^2 + 59{,}237x + 0{,}179$

b)

Monat	1/96 1	1/97 2	1/98 3	1/99 4	1/00 5	1/01 6	1/02 7	1/03 8
Menge in 1 000 t	800	1200	1300	1600	1500	1400	1300	1400

Regressionskurve:
$y = 2{,}557x^4 - 37{,}689x^3 + 131{,}534x^2 + 155{,}114x + 562{,}500$

5.2 Rechnen mit ganzrationalen Funktionen

1 a) $f(x) + g(x) = 2x^3 - x^2 - x + 1$ Grad 3
$f(x) \cdot g(x) = -2x^4 + 3x^3 - x^2$ Grad 4
b) $f(x) + g(x) = 2x$ Grad 1
$f(x) \cdot g(x) = -16x^8 - 8x^5 + 8x^4 + 2x - 1$ Grad 8
c) $f(x) + g(x) = 2x^4 + x^2$ Grad 4
$f(x) \cdot g(x) = x^8 + x^6$ Grad 8
d) $f(x) = x^3 - 2x^2 + x - 2$; $g(x) = -x^3 + 2x + 1$
$f(x) + g(x) = -2x^2 + 3x - 1$ Grad 2
$f(x) \cdot g(x) = -x^6 + 2x^5 + x^4 - x^3 - 3x - 2$ Grad 6

2 a) z.B. $g(x) = 3x^4 + x^3$ b) z.B. $g(x) = -2x^4 + x^3$

3 a) $x^2 + 7x + 18 + \dfrac{24}{x-1}$ b) $x^3 - 4x^2 + 7x - 15 + \dfrac{38}{x+2}$

c) $\dfrac{1}{2}x^3 + x^2 - \dfrac{1}{2}x + \dfrac{7}{4} - \dfrac{7}{4x+4}$ d) $x^3 - x^2 + \dfrac{x-1}{x^2+1}$

e) $-x^2 + 8x - 8 + \dfrac{8x^2 - 8x + 16}{x^3 + x^2 + 1}$ f) $6x + \dfrac{5x^2 + 12x - 7}{x^3 - 2}$

g) $2x^2 + x - 1 + \dfrac{4x-8}{2x^3 - 3}$ h) $4x + 2 + \dfrac{-8x^2 + x - 5}{x^3}$

4 a) Rest: $f(2) = 21$ $\dfrac{f(x)}{x-2} = x^2 + 4x + 10 + \dfrac{21}{x-2}$

b) $f(-1) = 0$ $\dfrac{f(x)}{x+1} = x^2 + x + 1$

c) $f(-1) = 0$ $\dfrac{f(x)}{x+1} = x^3 + 4x^2 + x + 6$

d) $f(-4) = -6$ $\dfrac{f(x)}{x+4} = x^3 + x^2 + x + 3 + \dfrac{-6}{x+4}$

e) $f(10) = 213815$ $\dfrac{f(x)}{x-10} = 2x^4 + 21x^3 + 213x^2 + 2138x + 21381 + \dfrac{213815}{x-10}$

f) $f(0{,}5) = 8$ $\dfrac{f(x)}{x-0{,}5} = 2x^4 + 2x^3 + 4x^2 + 10x + 6 + \dfrac{8}{x-0{,}5}$

5 $(ax^2 + bx + 3) : (x - 1) = ax + (a + b) + \dfrac{3 + a + b}{x - 1}$
  $\underline{-(ax^2 - ax)}$
  $(a + b) \cdot x + 3$
  $\underline{-((a + b) \cdot x - (a + b))}$
  Rest $3 + a + b$

Bedingung: $3 + a + b = 3$
  $a = -b$

  $(-bx^2 + bx + 3) : (x + 2) = -bx + 3b + \dfrac{3 - 6b}{x + 2}$
  $\underline{-(-bx^2 - 2bx)}$
  $3bx + 3$
  $\underline{-(3bx + 6b)}$
  Rest $3 - 6b$

Bedingung: $3 - 6b = -9$
  $b = 2$

Die Lösung lautet: $-2x^2 + 2x + 3$

Lehrbuch Seite 181

6 Voraussetzung:

$f_1(x) = -f_1(-x);\quad f_2(x) = -f_2(-x);\quad g(x) = g(-x)$

Der Definitionsbereich der verknüpften Funktionen ist als Schnittmenge zu 0 symmetrischer Definitionsbereiche auch zu 0 symmetrisch.

a) $f_1(x) + f_2(x) = -f_1(-x) - f_2(-x) = -(f_1(-x) + f_2(-x))$
$\Rightarrow f_1 + f_2$ ist ungerade.

b) $f_1(x) - g(x) = -f_1(-x) - g(-x) = -(f_1(-x) + g(-x))$
$\Rightarrow f_1 - g$ ist weder gerade noch ungerade.

c) $f_1(x) \cdot g(x) = -f_1(-x) \cdot g(-x) = -[f(-x) \cdot g(-x)]$
$\Rightarrow f_1 \cdot g$ ist ungerade.

d) $\dfrac{f_1(x)}{f_2(x)} = \dfrac{-f_1(-x)}{-f_2(-x)} = \dfrac{f_1(-x)}{f_2(-x)}$

für $x \in \{x | x \in D_{f_1} \cap D_{f_2} \wedge f_2(x) \neq 0\} \Rightarrow \dfrac{f_1}{f_2}$ ist gerade.

7 a) $\dfrac{f(x) - f(2)}{x - 2} \to 12$ für $x \to 2$

$\dfrac{g(x) - g(2)}{x - 2} \to -27$ für $x \to 2$

```
      X      Y3      Y4
    1.9    11.12   -24.67
    1.99   11.91   -26.76
    1.999  11.991  -26.97
    1.9999 11.999  -26.99
                    1.9999
 FORM DEL ROW      G·CON G·PLT
```

```
      X      Y3      Y4
    2.1    12.92   -29.48
    2.01   12.09   -27.24
    2.001  12.009  -27.02
    2.0001   12     -27
                    2.0001
 FORM DEL ROW      G·CON G·PLT
```

b) $12 + (-27) = -15$

c) $12 - (-27) = 39$

```
Y6=(Y1-Y2-18)÷(X-2)
      X      Y5      Y6
    1.9   -13.55   35.799
    1.99  -14.85   38.67
    1.999 -14.98   38.967
    1.9999 -14.99  38.996
                   38.9967001
 FORM DEL ROW      G·CON G·PLT
```

```
Y6=(Y1-Y2-18)÷(X-2)
      X      Y5      Y6
    2.1   -16.56   42.401
    2.01  -15.15   39.331
    2.001 -15.01   39.033
    2.0001  -15    39.003
                   39.0033001
 FORM DEL ROW      G·CON G·PLT
```

d) Ist eine Funktion h als Summe (Differenz) zweier Funktionen f und g darstellbar, dann ist die Steigung des Schaubildes der Summenfunktion (Differenzfunktion) im Punkt R die Summe (Differenz) der Steigungen der Schaubilder der beiden Funktionen f und g in den über oder unter R liegenden Punkten P und Q.

e) Für die Produktfunktion gilt eine entsprechende Regel nicht.

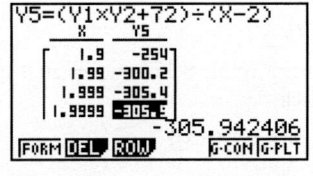

```
Y5=(Y1×Y2+72)÷(X-2)
     X      Y5
    1.9    -254
    1.99   -300.2
    1.999  -305.4
    1.9999 -305.9
              -305.942406
FORM DEL ROW      G-CON G-PLT
```

```
Y5=(Y1×Y2+72)÷(X-2)
     X      Y5
    2.1    -370
    2.01   -311.8
    2.001  -306.5
    2.0001 -306
              -306.057606
FORM DEL ROW      G-CON G-PLT
```

$12 \cdot (-27) = -324 \neq -306$

5.3 Bestimmung der Nullstellen einer ganzrationalen Funktion

1 a) $-0{,}7;\ 0{,}5;\ 2$ b) $-0{,}4;\ -0{,}3;\ 3{,}2$ c) $-3{,}66;\ -0{,}98$
    d) $-2{,}04$ e) $-2{,}7$ f) $1{,}2$
    g) $-3;\ 1;\ 999$

5.3.1 Auffinden ganzzahliger Nullstellen

1 Jeweils ±

    a) 1; 2; 4; 8; 16; 32; 64; 128; 256

    b) 1; 2; 3; 4; 5; 6; 8; 9; 10; 12; 15; 16; 18; 20; 24; 30; 36; 40; 45; 48; 60; 72; 80; 90; 120; 144; 180; 240; 360; 720

    c) 1; 7; 11; 77

    d) 1; 2; 3; 6; 13; 26; 39; 78

    e) 1; 3; 9; 27; 81; 243

    f) 1; 2; 4; 5; 8; 10; 20; 25; 40; 50; 100; 125; 200; 250; 500; 1 000

    g) 1; 13; 169

    h) 1; 2; 5; 10; 17; 34; 85; 170

2 a) -1 b) $1;\ -2$
    c) keine ganzzahlige Nullstelle   d) $2;\ -2$
    e) keine ganzzahlige Nullstelle   f) keine ganzzahlige Nullstelle
    g) $1;\ 4;\ -4$ h) $7;\ 11$

3 $x_1 = 12$:
    a), b) Alle Koeffizienten ganzzahlig, aber 12 ist kein Teiler des absoluten Glieds.
    c), d) Ersichtlich überhaupt keine Nullstelle, da es nur positive Summanden gibt.
    $x_2 = -2$ kommt aus diesen Gründen bei b), c) und d) nicht infrage. Bei a) ist $f(-2)$
    $= -524$, also ist -2 dort auch keine Nullstelle.

4 a) $-1;\ 2;\ 3$ b) -2 c) $1;\ -1$ d) -3

5 a) $0 = -5 + b \Rightarrow b = 5$
b) $0 = 3 \cdot 49 + c \Rightarrow c = -147$
c) $\left.\begin{array}{l}0 = 9 + 3b + c \\ 0 = 4 - 2b + c\end{array}\right\} \Rightarrow b = -1; c = -6$
d) $c = 0; b = -8$
e) $d = 0; b = -9; c = 8$
f) $d = 0; a = 0; b = 0$

5.3.2 Funktionsvorschriften in Produktform

1 a) $2; -8; 5; -5$ b) $0; -1; 4$ c) $3; -1; 1$ d) 0
e) $(f(x) = x^3 \cdot (x^2 - 4))$ $0; 2; -2$
f) $(f(x) = 0{,}01 \cdot x^5 \cdot (x^2 - 4x - 5))$ $0; 5; -1$
g) $1; -9; -4 + \sqrt{7} = -1{,}3542; -4 - \sqrt{7} = -6{,}6458$ h) -2

2 a) $x_1 = 1; x_2 = -2; x_3 = 3$ $y = f(0) = 18$
b) $x_1 = 0; x_2 = -4; x_3 = \frac{12}{8} = 1{,}5$ $y = f(0) = 0$
c) $x_1 = -1; x_2 = 0; x_3 = 2$ $y = f(0) = 0$
d) $x_1 = 0; x_2 = 3 + \sqrt{5} = 5{,}2361;$ $y = f(0) = 0$
$x_3 = 3 - \sqrt{5} = 0{,}764; x_4 = -7$

3 a) $f(x) = (x - 2) \cdot (x + 3) \cdot (x + 8)$
b) $f(x) = (x - \frac{1}{2}) \cdot (x - 4) \cdot (x - \frac{5}{3}) \cdot (x - 7{,}2)$
c) $f(x) = x \cdot (x - \sqrt{3}) \cdot (x - 12) \cdot (x + 6)$
d) $f(x) = x \cdot (x + 2) \cdot (x - 2) \cdot (x - 1)$

5.3.3 Abspalten eines Linearfaktors

1 a) $f(x) = 3(x - 2)$ b) $f(x) = x(x^2 + 1)$ c) $f(x) = x(8x^3 - 7x - 1)$
d) $f(x) = (x - 1)(x^3 + x^2 + x + 1) = (x + 1)(x^3 - x^2 + x - 1)$
e) $f(x) = (x - 2)(x^2 + 2x + 4)$ f) $f(x) = (x - 2)(2x + 1)$

2 a) $f(x) = (x - 1)(x + 2)(x + 3)$ b) $f(x) = 2(x + 2)(x + \sqrt{2})(x - \sqrt{2})$
c) $f(x) = (x - 1)(x - (1 + \sqrt{2}))(x - (1 - \sqrt{2}))$
d) $f(x) = (x - 1)(x - 2)(x - 3)$ e) $f(x) = x^2(x - 10)(x + 1)^2$
f) $f(x) = 3(x + 1)^3$ g) $f(x) = (x - 2)(x + 3)(x - 1)$
h) $f(x) = x^3(x + 5)(x - 1)$ i) $f(x) = (x - 7)(x + 1)(x^2 - 2)$
j) $f(x) = (x + 2)(x^2 - 3)$

3 a) $x_1 = -2; x_{2/3} = -1 \pm \sqrt{3{,}5}$ b) $x_1 = -1; x_{2/3} = \frac{3}{4} \pm \sqrt{\frac{17}{16}}$
c) $x_1 = 2$ d) $x_1 = -2; x_{2/3} = \pm \frac{1}{2}$

4 a) $f(x) = (x - 1) \cdot (x + 1) \cdot (x + 10)$ $(f(x) = 2(x - 1)(x - 3)(x - 0{,}5))$
b) $g(x) = \frac{1}{6} \cdot f(x)$ $(g(x) = -2 \cdot f(x))$ bzw. $g(x) = \frac{a}{36} \cdot f(x)$ $(g(x) = \frac{a}{-3} \cdot f(x))$

5 a) $y = (x - 3) \cdot (x^3 + 3x^2 + 9x + 27)$ b) $y = (x - a) \cdot (x^3 + ax^2 + a^2x + a^3)$
c) $y = (x - 1) \cdot (x^4 + x^2 + 1)$ d) $y = (x - 1) \cdot (ax^4 + bx^2 + c)$
e) $y = (x - 3) \cdot (x^2 + 9)$ f) $y = (x - a) \cdot (x^2 + a^2)$

6 Nein, aus $f(x) = (x - x_0) \cdot g(x)$ folgt $f(x_0) = (x_0 - x_0) \cdot g(x_0) = 0 \cdot g(x_0) = 0$, d. h., x_0 ist doch Nullstelle.

7 a) $f(x) = 2 \cdot (x - 4) \cdot (x + 4) \cdot (x - 1)$ b) $f(x) = \frac{1}{3} \cdot (x + 1) \cdot x \cdot (x - 10)$

8 a) $f(x) = a \cdot (x - 2) \cdot (x + 2) \cdot (x - 1) = a(x^3 - x^2 - 4x + 4)$
$f(0) = 5 = 4a \Rightarrow a = \frac{5}{4}$
$f(x) = \frac{5}{4} \cdot (x - 2) \cdot (x + 2) \cdot (x - 1) = \frac{5}{4}(x^3 - x^2 - 4x + 4)$
b) $f(x) = -\frac{2}{15} \cdot (x - 1) \cdot (x - 3) \cdot (x - 5) = -\frac{2}{15}(x^3 - 9x^2 + 23x - 15)$

5.3.4 Hornerschema

1 a) $f(x) = (x - 1)(x + 1)(x - 2)$ b) $f(x) = (x + 1)(x^4 + 2x^3 + 1)$
c) $f(x) = (x + 7)(2x^4 + x^2 + 1)$ d) $f(x) = (x - 2)(x + 4)(x^2 - 2)$
e) $f(x) = (x - 4)(x + 8)(x^2 - 8)$

2 a) $f(-2) = -7{,}5$; $f(-1{,}5) = 3{,}59375$; $f(1{,}5) = -0{,}71875$; $f(2) = 2{,}5$
b) $f(-2) = 20$; $f(-1{,}5) = 0$; $f(1{,}5) = -9{,}75$; $f(2) = 0$
c) $f(-2) = 27{,}5$; $f(-1{,}5) = 5{,}203125$; $f(1{,}5) = 0{,}046875$; $f(2) = 21{,}5$
d) $f(-2) = -48$; $f(-1{,}5) = -20{,}875$; $f(1{,}5) = -15{,}625$; $f(2) = -20$

3 a) $f(x) = (x - 0{,}125) \cdot (x^2 - 0{,}05x - 0{,}05) = (x - 0{,}125) \cdot (x - 0{,}25) \cdot (x + 0{,}2)$
b) $f(x) = (x - 0{,}125) \cdot (4x^2 - 6{,}8x - 2{,}4) = 4 \cdot (x - 0{,}125) \cdot (x - 2) \cdot (x + 0{,}3)$

5.4 Anzahl der Nullstellen einer ganzrationalen Funktion

1 a) mindestens eine, höchstens drei b) evtl. keine, höchstens vier
c) evtl. keine, höchstens 712 d) mindestens eine, höchstens 15

2 Jeweils evtl. mal Konstante.
a) $f(x) = (x - 1) \cdot (x + 1) \cdot (x - 3{,}5) \cdot (x - 3)$
b) $f(x) = (x + 2) \cdot (x - 8) \cdot x$
c) $f(x) = (x - \frac{1}{3}) \cdot (x + 5)$
d) $f(x) = (x - 2)$
e) $f(x) = (x - \sqrt{3}) \cdot (x + \sqrt{3}) \cdot (x + 4) \cdot (x + 3)$

Lehrbuch Seiten 190, 191, 192

3 Evtl. andere Gewichtung der Faktoren bzw. mal Konstante.
a) $f(x) = (x - 1)^2 \cdot (x + 2) \cdot (x - 3) \cdot (x + 4)$
b) $f(x) = (x - 1)^5$
c) $f(x) = (x + 3)^3 \cdot x^2$
d) $f(x) = x^5$

4 a) $f(10) = 347213 > 0$; $f(-10) = -266807 < 0$;
b) $f(10) = 1234 > 0$; $f(-10) = -826 < 0$.
Setzt man stetigen Verlauf der Schaubilder voraus, so muss mindestens einmal die
x-Achse geschnitten werden, also $f(x) = 0$ sein.

5 a) Schnittpunkte der Graphen von g und f: $(-1,6375/0,3625)$; $(0/2)$; $(2,1375/4,1375)$
(Schnittpunkte der Graphen von g und h: $(-2/0)$; $(1/3)$)
b) Der Ansatz
$$a_n x^n + a_{n-1} x^{n-1} + \ldots + a_2 x^2 + a_1 x + a_0 = mx + b,$$
$$a_n x^n + a_{n-1} x^{n-1} + \ldots + a_2 x^2 + (a_1 - m) x + (a_0 - b) = 0$$
führt nach Satz 6.8 auf höchstens n Lösungen.
(Parallelen zur y-Achse schneiden eine Parabel genau einmal, es gibt
also bei $n \geq 1$ nicht mehr als n Schnittpunkte.)
c) Die Gerade mit der Gleichung $y = a$ wird nach b) höchstens n-mal geschnitten.

6 a) mindestens eine, höchstens fünf Nullstellen; $x_1 = -1$; $f(-1) = 0$
b) mindestens eine, höchstens fünf Nullstellen; $x_1 = a$; $f(a) = 0$

7 a) keine Nullstelle b) Keine Nullstelle, da $f(x)$ immer größer als null ist.
c) $f(x) = x \cdot (x^2 + 10)$; d) $f(x) = x \cdot (x^8 + 3x^4 + 10)$;
eine Nullstelle eine Nullstelle

8 a) falsch b) richtig, z. B. $f(x) = x^2 \cdot (x - 2)$
c) falsch, z. B. $f(x) = -x^4$ d) falsch, z. B. $f(x) = x^2 \cdot (x - 1) \cdot (x - 2)$

9

	Nullstellen	höchster Kurvenpunkt	tiefster Kurvenpunkt
a)	$-\frac{31}{7}$; $\frac{1}{2}$; 33	$(-2,1/1,5)$	$(21,4/-43,8)$
b)	-63; -7; -3	$(-43,7/152,5)$	$(-5,0/-1,2)$
c)	-35; 5; 30	$(-18,9/75,3)$	$(18,9/-33,3)$
d)	$-4,5$; 2; 32	$(-4,5/0)$; $(2/0)$; $(32/0)$	$(-24,0/-26,3)$
e)	-500; -100; 900	$(-316,3/48,3)$	$(516,3/-240,3)$
f)	$-4,8$; 0,5; 23,7	$(-1,45/38,8)$	$(18,3/-10603,3)$

10 a) $f(x) = x^4 + 1$ d) $f(x) = x^2 \cdot (x - 1) \cdot (x + 2)$
     b) $f(x) = (x - 3)^4$ e) $f(x) = (x - 1) \cdot (x + 2) \cdot (x + 3) \cdot (x + 4)$
     c) $f(x) = x^4 - 2$

11 $f(x) = \frac{1}{16} \cdot (x + 4) \cdot (x + 1)^2 \cdot (x - 4) = \frac{1}{16} x^4 + \frac{1}{8} x^3 - \frac{15}{16} x^2 - 2x - 1$
    $g(x) = \frac{1}{5} \cdot (x + 5) \cdot (x + 2) \cdot (x - 1) = \frac{1}{5} x^3 + \frac{6}{5} x^2 + \frac{3}{5} x - 2$
    $h(x) = -\frac{1}{12} (x + 6) \cdot (x + 3) \cdot (x - 2) = -\frac{1}{12} x^3 - \frac{7}{12} x^2 + 3$

12 a) $D = [-2{,}5; \infty[, L = \{11\}$
     b) $D = \mathbb{R}_+, L = \{0; 256\}$
     c) $D = \mathbb{R}_+, L = \{0; 729\}$
     d) $D = \mathbb{R}_+, L = \{0; 8\}$
     e) $D = [1; \infty[, L = \{10\}$
     f) $D = [-\frac{1}{2}; \infty[, L = \{4\}$
     g) $D = \mathbb{R}_+, L = \{1\}$
     h) $D = \mathbb{R}_+, L = \{1; 512\}$
     i) $D = [-\frac{1}{3}; \infty[, L = \{\}$
     j) $D = [-1; \infty[, L = \{-1; 0\}$
     k) $D = \mathbb{R}_+, L = \{16\}$
     l) $D = \mathbb{R}_+, L = \{\frac{5}{80}; 16\}$

6 Näherungsverfahren und Folgen

6.1 Intervallhalbierung

1
a) 0,55
b) 1,52
c) −1,45
d) 1,12
e) 0,85
f) 1,05

6.2 Folgen

1
a) $-2;\ -\frac{1}{2};\ 0;\ \frac{1}{4};\ \frac{2}{5};\ \frac{1}{2};\ \frac{4}{7}$
b) $-\frac{1}{3};\ -\frac{2}{3};\ -1;\ -\frac{4}{3};\ -\frac{5}{3};\ -2;\ -\frac{7}{3}$
c) 3; 1; 3; 1; 3; 1; 3
d) $-2;\ -\frac{5}{2};\ -\frac{8}{3};\ -\frac{11}{4};\ -\frac{14}{5};\ -\frac{17}{6};\ -\frac{20}{7}$
e) $-2;\ 2;\ -\frac{8}{3};\ 4;\ -\frac{32}{5};\ \frac{32}{3};\ -\frac{128}{7}$
f) $2;\ 2;\ -\frac{2}{3};\ \frac{2}{5};\ -\frac{2}{7};\ \frac{2}{9};\ -\frac{2}{11}$
g) $\frac{3}{7};\ 1;\ \frac{11}{7};\ \frac{15}{7};\ \frac{19}{7};\ \frac{23}{7};\ \frac{27}{7}$
h) 8; 8,4; 8,8; 9,2; 9,6; 10; 10,4
i) 100; 90; 80; 70; 60; 50; 40
j) 4; 2; 1,587; 1,414; 1,320; 1,260; 1,219
k) 0,1; 0,316; 0,464; 0,562; 0,631; 0,681; 0,720
l) 2; 2,25; 2,370; 2,441; 2,488; 2,522; 2,547

2
a) 16; 18
$a_n = 2n$
b) 30; 34
$a_n = 2 + (n-1) \cdot 4 = -2 + 4n$

c) $\frac{1}{4};\ \frac{2}{9}$
$a_n = \frac{2}{n}$
d) 64; 81
$a_n = n^2$

e) 64; 81
$a_n = (n+1)^2$
f) 1; −1
$a_n = (-1)^n$

g) $\frac{10}{19};\ \frac{11}{21}$
$a_n = \frac{n+1}{2n+1}$
h) $\frac{9}{10};\ \frac{10}{11}$
$a_n = \frac{n+1}{n+2}$

i) −1; 1
$a_n = (-1)^{n+1}$
j) $\frac{1}{7};\ -\frac{1}{8}$
$a_n = (-1)^{n+1} \cdot \frac{1}{n}$

k) 729; 2187
$a_n = 3^n$
l) 27; 31
$a_n = 3 + n \cdot 4$

m) 34; 43
$a_n = -20 + n \cdot 9$
n) −10; −15
$a_n = 20 - n \cdot 5$

3 a) Grenzwert 0
$$\frac{7}{3n} < \frac{1}{100}$$
$$700 < 3n$$
$$233,\overline{3} < n$$

b) Grenzwert 0
$$\frac{1}{7 + 2n} < \frac{1}{100}$$
$$100 < 7 + 2n$$
$$46,5 < n$$

c) Grenzwert 0
$$\frac{4}{8 + 3n} < \frac{1}{100}$$
$$400 < 8 + 3n$$
$$392 < 3n$$
$$130,\overline{6} < n$$

d) Grenzwert 0
$$\frac{2}{n + 3} < \frac{1}{100}$$
$$200 < n + 3$$
$$98,5 < n$$

e) Grenzwert 1
$$1 - \frac{n-1}{n+1} < \frac{1}{100}$$
$$\frac{2}{n+1} < \frac{1}{100}$$
$$200 < n + 1$$
$$199 < n$$

f) Grenzwert 0,005
$$0,005 - \frac{1+n}{500 + 200n} < \frac{1}{100}$$
$$\frac{2,5 + n - 1 - n}{500 + 200n} < \frac{1}{100}$$
$$150 < 500 + 200n$$
$$-350 < 200n$$
$$-1,75 < n$$

g) Grenzwert 0
$$\frac{5}{n^2} < \frac{1}{100}$$
$$500 < n^2$$
$$\sqrt{500} < n$$
$$22,36 < n$$

h) Grenzwert 1
$$1 - \frac{n}{n+1} < \frac{1}{100}$$
$$\frac{n+1-n}{n+1} < \frac{1}{100}$$
$$100 < n + 1$$
$$99 < n$$

4 $a_1 = 1000 \cdot 1,02 + 20$
$a_2 = 1000 \cdot 1,02^2 + 20 \cdot 1,02 + 20$
$ = 1000 \cdot 1,02^2 + 20 \cdot (1,02 + 1)$
$a_3 = 1000 \cdot 1,02^3 + 20 \cdot 1,02^2 + 20 \cdot 1,02^1 + 20$
$ = 1000 \cdot 1,02^3 + 20 \cdot (1,02^2 + 1,02^1 + 1)$
$a_4 = 1000 \cdot 1,02^4 + 20 \cdot (1,02^3 + 1,02^2 + 1,02^1 + 1)$
usw.

	Wenig	Viel
a)	1080,80	2121,20
b)	1208,16	2312,24
c)	1437,99	2656,98

5 a) 5; 4; 3,2; 2,56
b) $a_1 = 5$
$a_{n+1} = a_n \cdot 0,8$ bzw. $a_n = a_1 \cdot q^{n-1}$

6 a) 20000; 10000; 5000; 2500; 1250; 625; 312,50; 156,25; 78,12; 39,06

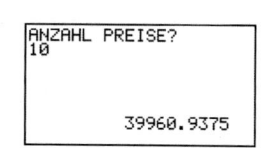

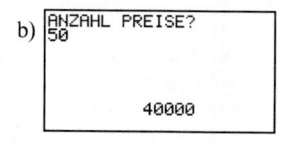

```
======PREIS  ======
"ANZAHL PREISE"?→N↵
20000→P↵
0→S↵
For 1→I To N↵
S+P→S↵
P÷2→P↵
[TOP][BTM][SRC][MENU]    [SYBL]
```

```
======PREIS  ======
For 1→I To N↵
S+P→S↵
P÷2→P↵
Next↵
Locate 10,7,S↵
[TOP][BTM][SRC][MENU]    [SYBL]
```

```
ANZAHL PREISE?
10


                39960.9375
```

b)
```
ANZAHL PREISE?
50


                40000
```

```
ANZAHL PREISE?
100


                40000
```

7 $U_1 = 4a$;

$U_2 = \dfrac{1}{2}\sqrt{2} \cdot 4a = 2\sqrt{2} \cdot a$;

$U_3 = \left(\dfrac{1}{2}\sqrt{2}\right)^2 \cdot 4a = 2a$; $\qquad U_n = \left(\dfrac{1}{2}\sqrt{2}\right)^{n-1} \cdot 4a$

8 a) $U_1 = 4a = 20\,\text{cm}$;

$U_2 = 4 \cdot \dfrac{1}{2}a = 2a = 10\,\text{cm}$; $\qquad U_n = \left(\dfrac{1}{2}\right)^{n-1} \cdot 4a$

$U_3 = 4 \cdot \dfrac{1}{4}a = a = 5\,\text{cm}$; $\qquad = \dfrac{a}{2^{n-3}}$

$U_4 = 4 \cdot \dfrac{1}{8}a = \dfrac{1}{2}a = 2,5\,\text{cm}$; $\qquad U_n = \dfrac{5\,\text{cm}}{2^{n-3}}$

b) 7 Quadrate

c) $A_1 = a^2 = 25\,\text{cm}^2$;

$A_2 = \left(\dfrac{a}{2}\right)^2 = 6,25\,\text{cm}^2$; $\qquad A_n = \left(\dfrac{1}{2}\right)^{2n-2} \cdot a^2$

$A_3 = \left(\dfrac{a}{4}\right)^2 = 1,5625\,\text{cm}^2$ $\qquad = \left(\dfrac{1}{2}\right)^{2n-2} \cdot 25\,\text{cm}^2$

$A_4 = \left(\dfrac{a}{8}\right)^2 = 0,390625\,\text{cm}^2$; $\qquad = \left(\dfrac{1}{2}\right)^{2n} \cdot 100\,\text{cm}^2$

d) $n > 8$

6.3 Sägezahnverfahren

1 a) 1; 2; 3; 4; 5; 6
b) 3; 5; 7; 9; 11; 13
c) $-7; 7; -7; 7; -7; 7$
d) $\dfrac{1}{5}; \dfrac{1}{25}; \dfrac{1}{125}; \dfrac{1}{625}; \dfrac{1}{3125}; \dfrac{1}{15625}$
e) $\dfrac{1}{3}; \dfrac{2}{3}; \dfrac{4}{3}; \dfrac{8}{3}; \dfrac{16}{3}; \dfrac{32}{3}$
f) 12; 6; 3; 1,5; 0,75; 0,375
g) 3; 4; 5; 6; 7; 8
h) $\dfrac{1}{4}; \dfrac{1}{2}; 1; 2; 4; 8$
i) 10; 3,16...; 1,77...; 1,33...; 1,15...; 1,07...
j) 0,1; 0,31...; 0,56... ; 0,74...; 0,86; 0,93...
k) 1; 1; 2; 3; 5; 8
l) $2; -4; -\dfrac{1}{2}; 8; -\dfrac{1}{16}; -128$
m) $2; 3; \dfrac{3}{2}; \dfrac{1}{2}; \dfrac{1}{3}; \dfrac{2}{3}$

2

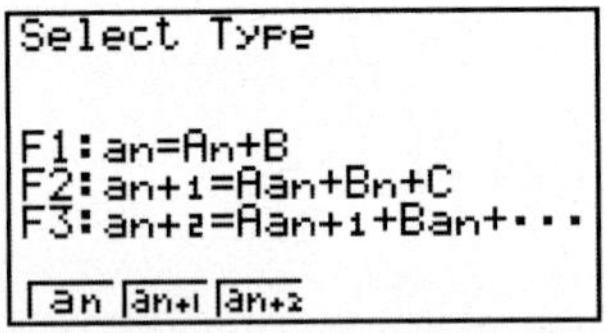

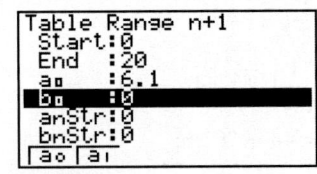

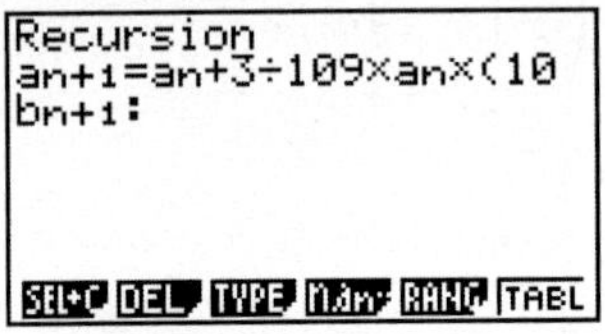

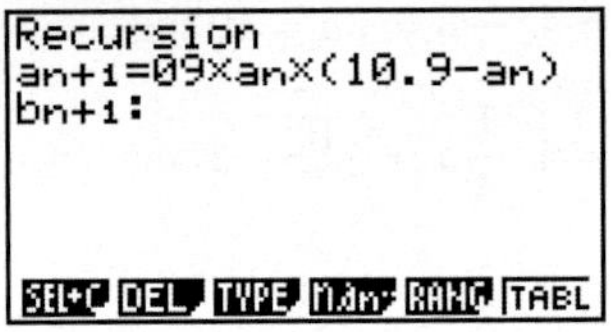

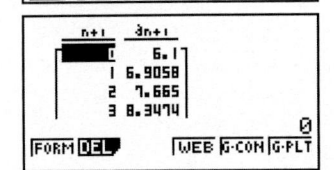

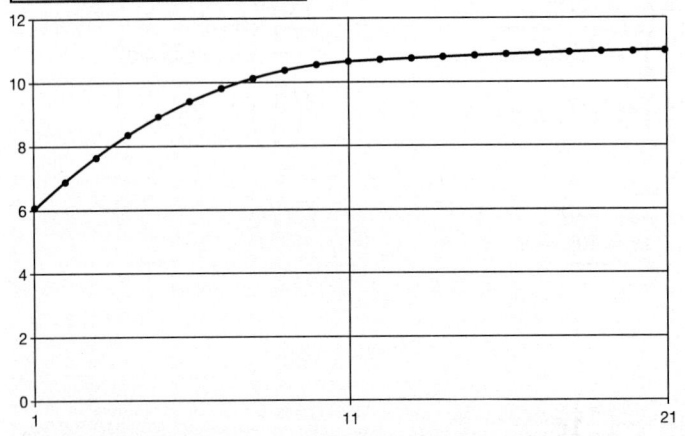

Lehrbuch Seiten 202, 203

4	8.3475	9	10.321	14	10.796	19	10.882
5	8.9339	10	10.485	15	10.827	20	10.888
6	9.4174	11	10.605	16	10.849	21	10.891
7	9.8017	12	10.691	17	10.864		
8	10.098	13	10.753	18	10.875		

3 a) $x_{n+1} = \dfrac{x_n + y_n}{2} = \dfrac{1}{2} \cdot (x_n + y_n)$

$\phantom{x_{n+1}} = \dfrac{1}{2} \cdot \left(x_n + \dfrac{A}{x_n}\right)$

b) $x_1 = 3$

$x_2 = \dfrac{1}{2} \cdot (3 + \dfrac{15}{3}) = 4$

$x_3 = \dfrac{1}{2} \cdot (4 + \dfrac{15}{4}) = 3{,}875$

$x_4 = \dfrac{1}{2} \cdot \left(3{,}875 + \dfrac{15}{3{,}875}\right) \approx 3{,}8729$

$x_5 \approx 3{,}8729$

c)

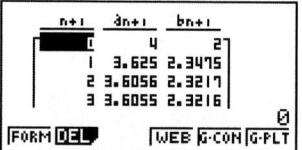

```
 n+1  an+1  bn+1
  0    4    2
  1  3.625 2.3475
  2  3.6056 2.3217
  3  3.6055 2.3216
                   0
FORM DEL    WEB G·CON G·PLT
```

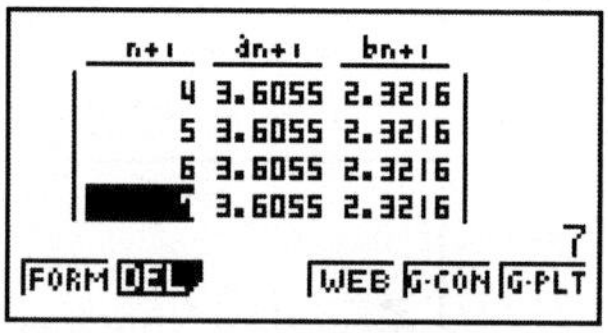

```
 n+1  an+1  bn+1
  4  3.6055 2.3216
  5  3.6055 2.3216
  6  3.6055 2.3216
  7  3.6055 2.3216
                   7
FORM DEL    WEB G·CON G·PLT
```

4 a) $\quad m = 10;\ x_1 = 0$

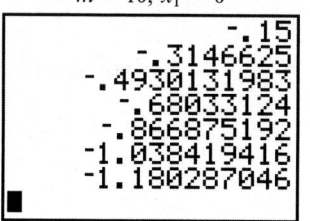

```
       -.15
   -.3146625
  -.4930131983
     -.68033124
   -.866875192
  -1.038419416
  -1.180287046
```

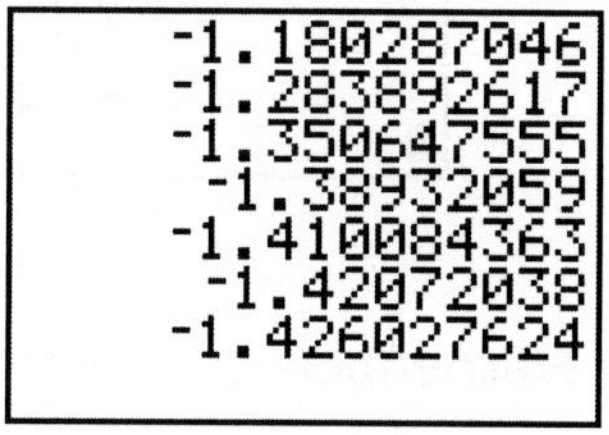

```
  -1.180287046
  -1.283892617
  -1.350647555
     -1.38932059
  -1.410084363
    -1.42072038
  -1.426027624
```

b) $\quad m = 10;\ x_1 = 1$

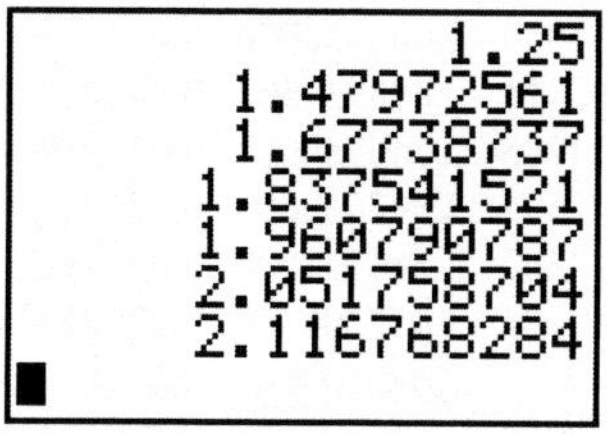

```
        1.25
    1.47972561
    1.67738737
    1.837541521
    1.960790787
    2.051758704
    2.116768284
```

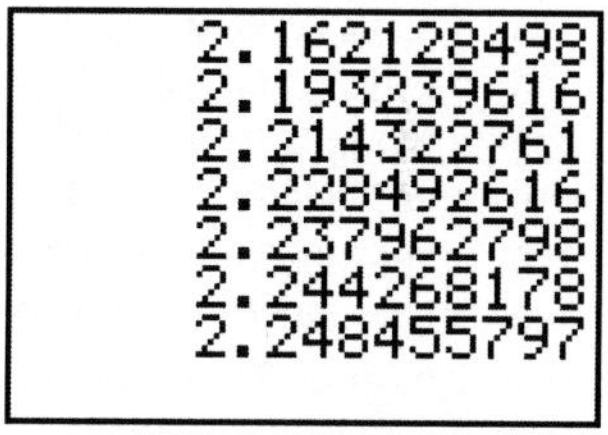

```
   2.162128498
   2.193239616
   2.214322761
   2.228492616
   2.237962798
   2.244268178
   2.248455797
```

$\quad m = 10;\ x_1 = -1$

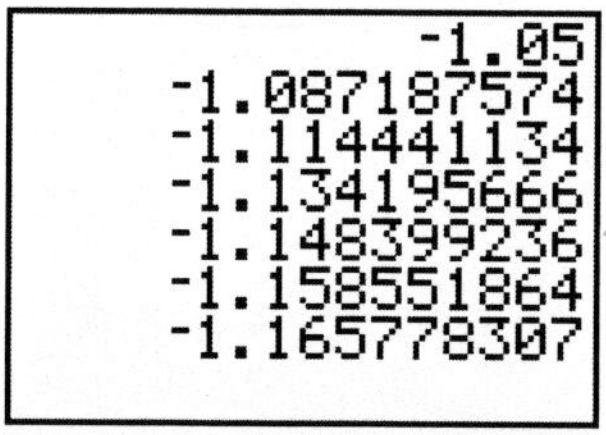

```
       -1.05
  -1.087187574
  -1.114441134
  -1.134195666
  -1.148399236
  -1.158551864
  -1.165778307
```

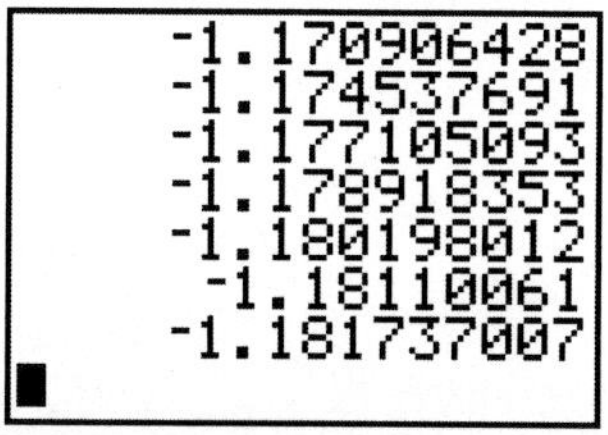

```
  -1.170906428
  -1.174537691
  -1.177105093
  -1.178918353
  -1.180198012
   -1.18110061
  -1.181737007
```

c) $m = 10; x_1 = -0,5$

```
         -.675
-.7007680898
-.7125944396
 -.718414558
-.7213607997
-.7228719053
-.7236519511
```

```
-.7240559313
-.7242654994
-.7243743082
-.7244308275
-.7244601925
-.7244754511
-.7244833803
```

$m = 10; x_1 = 1$

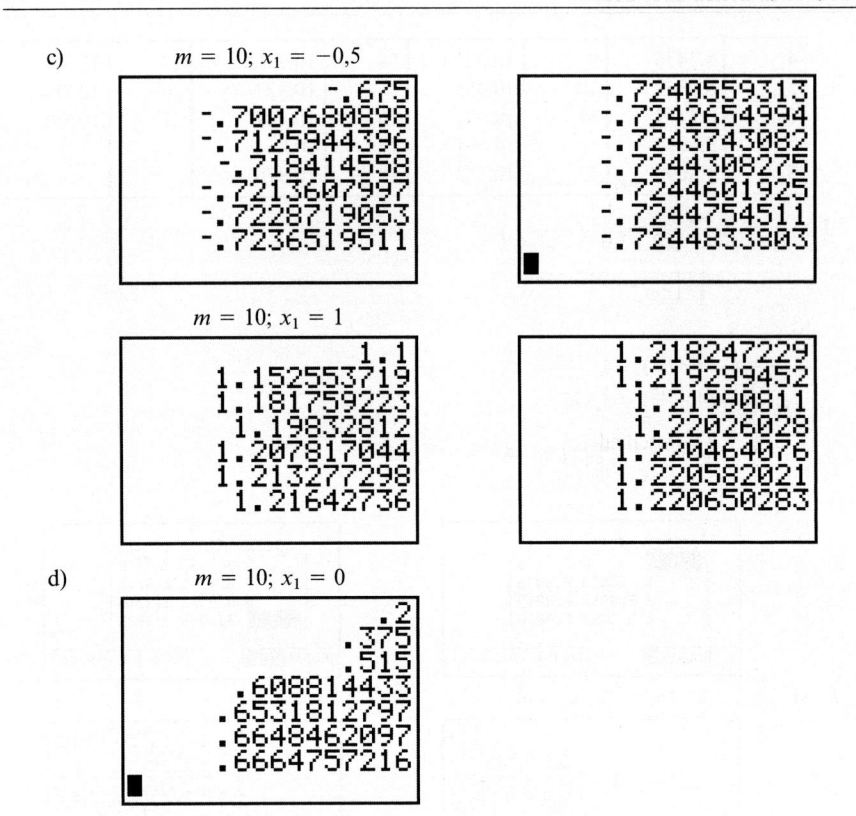

```
          1.1
 1.152553719
 1.181759223
  1.19832812
 1.207817044
 1.213277298
  1.21642736
```

```
 1.218247229
 1.219299452
  1.21990811
  1.22026028
 1.220464076
 1.220582021
 1.220650283
```

d) $m = 10; x_1 = 0$

```
           .2
         .375
         .515
  .608814433
  .6531812797
  .6648462097
  .6664757216
```

6.4 Flächenberechnungen

1

n	a)	b)	c)	d)	e)	f)
10	3,080000000	5,197500000	1,280761030	3,000750000	0,461125000	2,073451151
20	2,870000000	4,843122500	1,331798016	2,808937500	0,445281250	2,089159115
30	2,801481481	4,727500000	1,349574785	2,746750000	0,439939815	2,092067997
50	2,747200000	4,635900000	1,364075504	2,697630000	0,435645000	2,093557344
100	2,706800000	4,567725000	1,375114667	2,661157500	0,432411250	2,094185663
500	2,674672000	4,513509000	1,384047174	2,632206300	0,429816450	2,094386725
800	2,671668750	4,508441016	1,384889210	2,629502461	0,429572832	2,094391830
1000	2,670668000	4,506752250	1,385170064	2,628601575	0,429491613	2,094393008

2 $A_⌒ = 14{,}14$

$\dfrac{\pi \cdot 9}{2} \approx 14{,}14$

$\pi \approx 3{,}14$

7 Exponential- und Logarithmusfunktionen

7.1 Exponentialfunktionen

7.1.1 Anwendungen

1 $K(x) = 100$ EUR $\cdot 1{,}04^x$;
20: 148,02 EUR; 30: 219,11 EUR; 60: 710,67 EUR

2 a) 0,0696 µg b) 0,0299 µg c) 0,0027 µg

3 6,61 EUR

4 349 Kerzen

5 Temperaturunterschied 16,8 °C; Temperatur noch 36,8 °C

6 1000 hPa; 988 hPa; 911 hPa; 780 hPa; 370 hPa

7 $9{,}22 \cdot 10^{18}$ Körner; 922 Milliarden Tonnen

8 a) 31,7 g b) 40,2 g

9 a) $1000 \cdot (1 - \frac{3}{100})^{11} \approx 715$
b) Nach der sechsten Staustufe.
c) Nach der 5. Staustufe: $1000 \cdot 0{,}97^5 \approx 859$
Bären: 609
Nach der 10. Staustufe: $609 \cdot 0{,}97^5 \approx 523$
Bären: 273
Nach der 11. Staustufe: $273 \cdot 0{,}97 \approx 265$
26,5% der Lachse erreichen ihr Ziel.
d) 2000 Lachse: a) 1431
c) 1717; 1467; 1260; 1010; 980
6% Verlust: a) 506
c) 734; 484; 355; 105; 99
e) 1. Staustufe 20% Verlust
800; 708; 458; 393; 143; 139
11. Staustufe 20% Verlust
859; 609; 523; 273; 218

10 Mit Zinseszins bis 2006 auf $4{,}66 \cdot 10^6$ EUR ($1{,}48 \cdot 10^{32}$ EUR), bei gewöhnlichem Zins auf 0,21 EUR (0,81 EUR).

11 a) 5950 EUR (8500 EUR)   b) um 6764,70 EUR (10324,29 EUR)

12 1000,52 EUR; $839 \cdot (1 + \frac{p}{100})^5 = 1000{,}52$; Zinssatz $p \approx 3{,}58\%$

13 $100000 \cdot \left(1 + \frac{0{,}25}{100}\right)^{12} = 103041{,}60$; $100000 \cdot (1 + \frac{p}{100})$; Zinssatz $p \approx 3{,}04\%$

14 $50000 \cdot (1 + \frac{p}{100})^{12} = 50000 \cdot \left(1 + \frac{2{,}5}{100}\right)$; $p \approx 0{,}206\%$

15 a) $5000 \text{ EUR} \cdot (1 + \frac{25}{100})^4 = 12207{,}03 \text{ EUR}$; abgehobene Zinsen: $7207{,}03$ EUR.
b) $5000 \text{ EUR} \cdot (1 + \frac{8}{100})^4 = 6802{,}44 \text{ EUR}$; es stimmt.
c) $5000 \text{ EUR} \cdot (1 + \frac{p}{100})^4 = 7207{,}03 \text{ EUR}$; Zinssatz $p \approx 9{,}571\%$.

16 $624 \cdot 1{,}04^n = 700 \cdot 1{,}03^n$
$n \approx 11{,}90$
Nach 11 Jahren, am 1.1.2020, ist Willis Guthaben letztmals höher:
Willi: $700 \cdot 1{,}03^{11} = 968{,}96$ Paula: $624 \cdot 1{,}04^{11} = 960{,}62$

17 a) Folgende Überlegung führt zu dem gesuchten Zinssatz: Die 96000 € werden mit $p\%$ ein Jahr angelegt und anschließend 5000 € Zinsen bezahlt. Das Guthaben beträgt nach einem Jahr $96000\,q - 5000$ €, wobei $q = 1 + \frac{p}{100}$.
Dasselbe geschieht im zweiten Jahr. Mit dem Guthaben am Ende des zweiten Jahres muss die Schuld bezahlt werden.
$(96000q - 5000) \cdot q - 5000 = 100000$
$96q^2 - 5q - 105 = 0$
$q \approx 1{,}0722$ bzw. $p \approx 7{,}22$
b) $(99000q - 6000) \cdot q - 6000 = 100000$
$99q^2 - 6q - 106 = 0$
$q \approx 1{,}0655$ bzw. $p \approx 6{,}55$

7.1.2 Die Schaubilder der Exponentialfunktionen

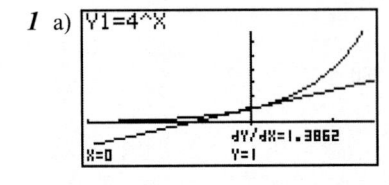

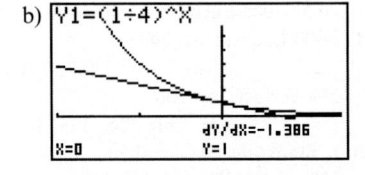

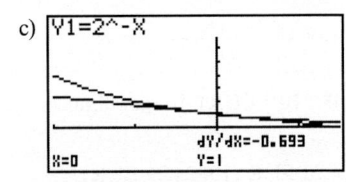

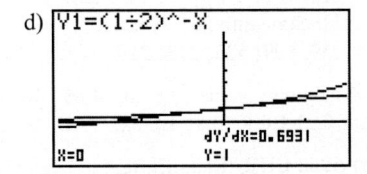

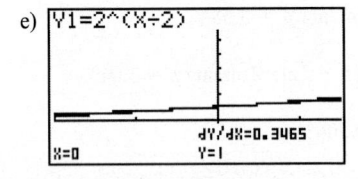

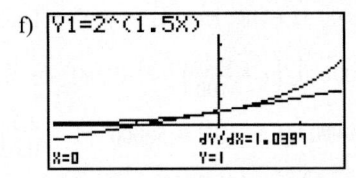

1 a) Y1=4^X
b) Y1=(1÷4)^X
c) Y1=2^-X
d) Y1=(1÷2)^-X
e) Y1=2^(X÷2)
f) Y1=2^(1.5X)

2 a)   b) 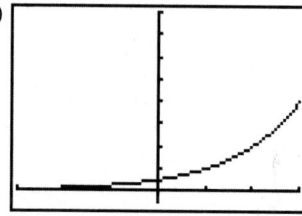   c) 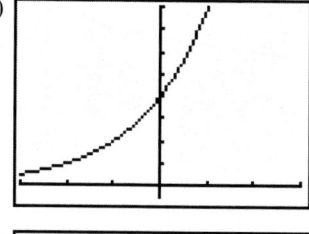   d) 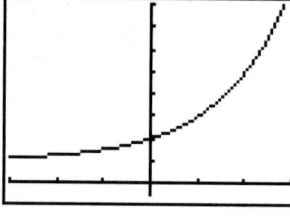   e) 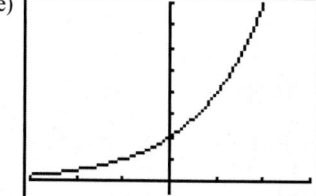   f)

3 a) $f(x) = 2^{3x} = 2^{\frac{x}{1/3}}$

Streckung parallel zur x-Achse mit dem Streckungsfaktor $\frac{1}{3}$.

b) $f(x) = 4^{-x} = (2^2)^{-x} = 2^{-2x} = 2^{\frac{-x}{1/2}}$

Streckung parallel zur x-Achse mit dem Streckungsfaktor $\frac{1}{2}$ und anschließender Spiegelung an der y-Achse.

c) $f(x) = 8^{-(x-5)} = (2^3)^{-(x-5)} = 2^{\frac{-x+5}{1/3}} = 2^{-3x+15} = 2^{15} \cdot 2^{\frac{x}{-1/3}}$

1. Streckung parallel zur x-Achse mit dem Streckungsfaktor $\frac{1}{3}$;
2. Schiebung parallel zur x-Achse um -5 (nach links);
3. Spiegelung an der y-Achse

oder

1. Streckung parallel zur x-Achse mit dem Streckungsfaktor $-\frac{1}{3}$;
2. Streckung parallel zur y-Achse mit dem Streckungsfaktor 2^{15}.

d) Verschiebung um 1 nach unten

e) Streckung mit 2 parallel zur y-Achse

oder   Verschiebung um 1 nach links (wegen $2 \cdot 2^x = 2^{x+1}$)

f) Verschiebung um 1 nach rechts
   oder   Streckung mit $\frac{1}{2}$ parallel zur y-Achse (wegen $2^{x-1} = \frac{1}{2} \cdot 2^x$)

4 a)

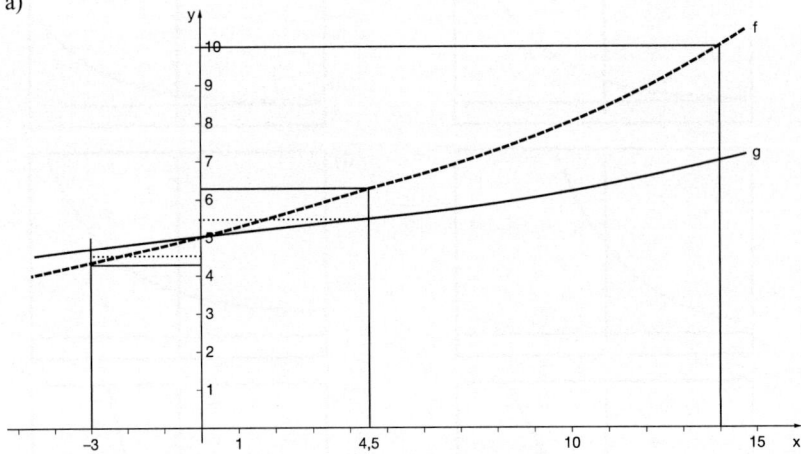

b) Kontostand nach 4,5 Jahren ca. 6200 EUR (5600 EUR).
Der Betrag verdoppelt sich in 14,3 Jahren.
Kontostand vor 3 Jahren ca. 4300 EUR (4600 EUR).

5 Noch 10 Zerfälle nach
$0,7 \cdot 5736 = 4015$ [Jahren];

noch 5 Zerfälle nach
$1,7 \cdot 5736 = 9751$ [Jahren].

In 3000 Jahren noch
$f(3000) = 11,14$
Zerfälle;

in 30000 Jahren noch
$f(30000) = 0,43$
Zerfälle.

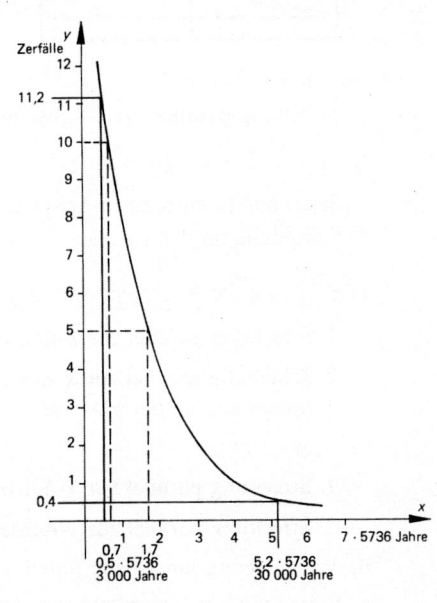

6 a) $f(-1) = a \cdot b^{-1} = \frac{a}{b} = \frac{4}{3} \land f(1) = a \cdot b = 3 \Rightarrow b = {}^{+}_{(-)}\frac{3}{2}$ und $a = 2$
b) $f(1,5) = 2 \cdot (\frac{3}{2})^{1,5} = 2 \cdot \sqrt{\frac{27}{8}} = 2 \cdot \frac{3}{2} \cdot \sqrt{\frac{3}{2}} = 3 \cdot \sqrt{\frac{6}{4}} = 1,5 \cdot \sqrt{6}$

Lehrbuch Seiten 213, 216

7 a), b)

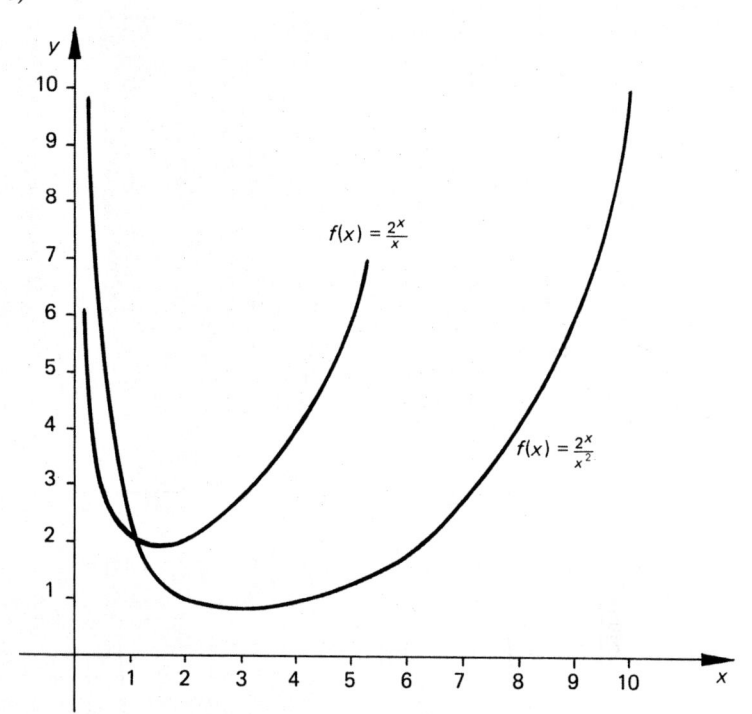

Graph zeigt $f(x) = \frac{2^x}{x}$ und $f(x) = \frac{2^x}{x^2}$

c) dünn, d) fett

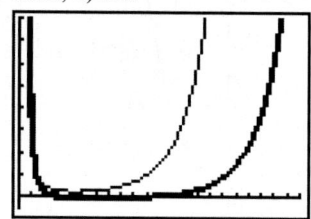

Das Schaubild steigt immer.

8 a) $L = \{\}$ b) $L = \{0\}$ c) $L = \{\}$
    d) $L = \{-1\}$ e) $L = \{2; -2\}$ f) $L = \{\}$

7.1.3 Die Euler'sche Zahl e und die natürliche Exponentialfunktion

1 $e^1 \approx 2{,}7182818$; $e^2 \approx 7{,}38906$; $e^5 \approx 148{,}41316$; $e^{10} \approx 22026{,}5$; $\frac{1}{e} \approx 0{,}3679$;
$e^{-2} \approx 0{,}13534$; $\sqrt{e} \approx 1{,}64872$; $\sqrt[3]{e^5} \approx 5{,}29449$

2

n	1	10	1000	1 Mio.	100 Mio.
$(1 + \frac{1}{n})^n$	2	2,593742	2,716924	2,718280	2,718282

3 2,5; 2,71666667; 2,71827877

4 a) $f(x) = \frac{1}{2}e^x$, $f'(1) \approx 1,4$ b) $f(x) = \frac{1}{2}e^{-x}$, $f'(1) \approx -0,2$

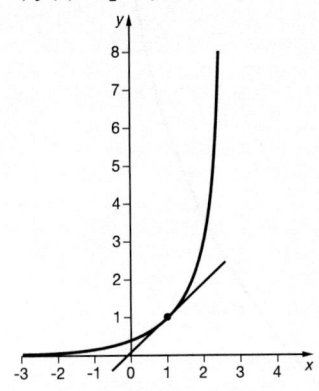

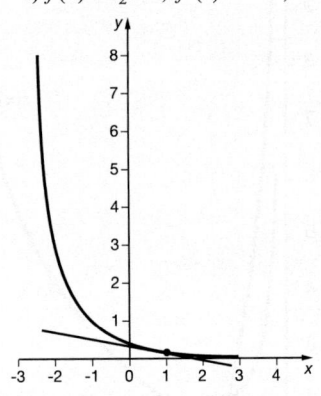

c) $f(x) = \dfrac{e^x + e^{-x}}{2}$, $f'(1) \approx 1,2$ 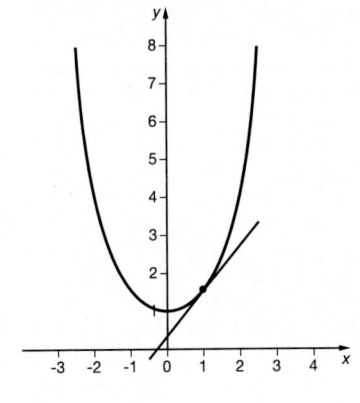   d) $f(x) = \dfrac{e^x - e^{-x}}{2}$, $f'(1) \approx 1,5$

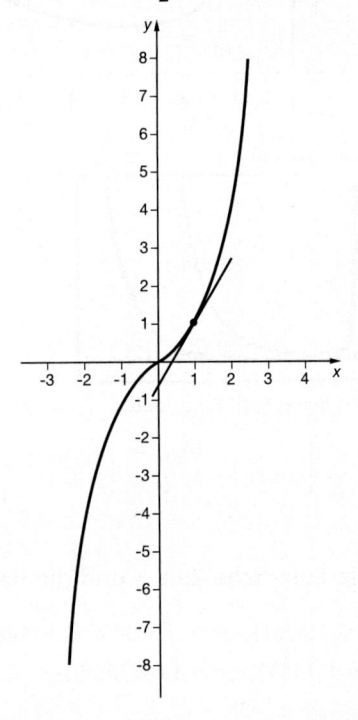

5 a) `Graph Func :Y=`
`Y1▣5-5xe(-KxX),[K=1,`
`Y2▣5xe(-KxX),[K=1,2,`
`Y3:` `Y4:` `Y5:` `Y6:`

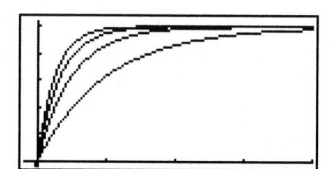

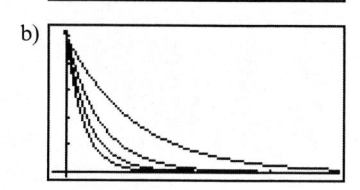

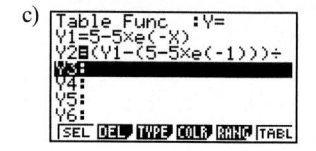

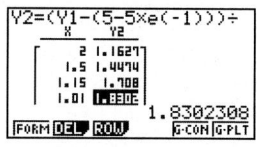

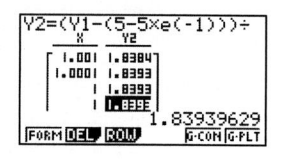

b)

c) `Table Func :Y=`
`Y1=5-5xe(-X)`
`Y2▣(Y1-(5-5xe(-1)))÷`
`Y3:` `Y4:` `Y5:` `Y6:`

6 a) $p = 10$ ergibt bei stetiger Verzinsung in einem Jahr € $1\,000 \cdot e^{\frac{10}{100}} \approx$ € $1\,105$.

b) $p = 40{,}7$ ergibt bei stetiger Verzinsung in einem Jahr € $1\,350 \cdot e^{\frac{40{,}7}{100}} \approx$ € $2\,028$.

7 • $100\,000 \cdot \left(1 + \dfrac{3{,}7}{100}\right) = 103\,700{,}00$ • $100\,000 \cdot \left(1 + \dfrac{3{,}7}{100 \cdot 12}\right)^{12} \approx 103\,763{,}40$

8 a) Zu prüfen sind die alternativen Anlagemöglichkeiten. Ist der Zinssatz dort hoch, ist evtl. die vierteljährliche Zahlung vorzuziehen.

b)
```
0                                                              1
├──────────────────────────────────────────────────────────────┤
```

270,00 €   Einzahlung
– 256,50 €   Abbuchung Abo mit 5 % Ermäßigung
13,50 €

Zinsen auf 13,50 EUR: 0,27 EUR
Ersparnis: 13,50 EUR
Guthaben am Jahresende: 13,77 EUR

```
        0                    1/2                    1
   |—————————————————————————|————————————————————|—>
   270,00 €              139,05 €
  − 130,95 €             − 130,95 €
   ─────────             ─────────
   139,05 €                8,10 €
```

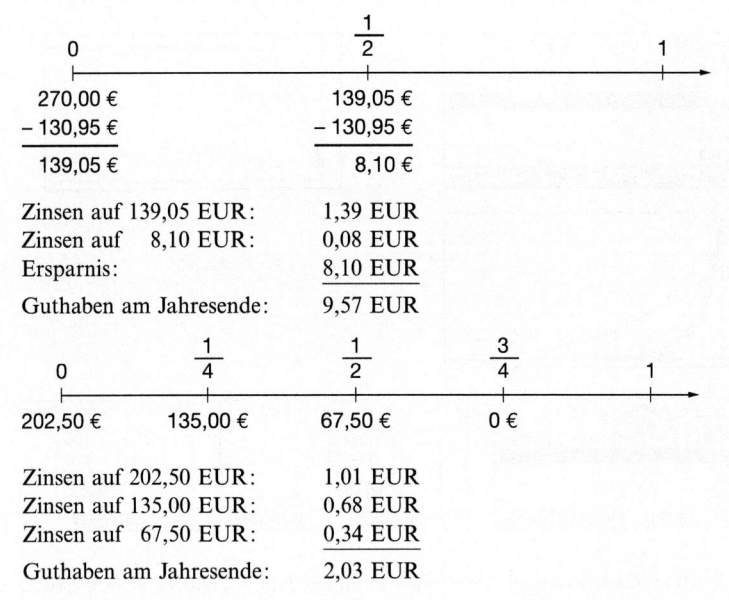

Zinsen auf 139,05 EUR: 1,39 EUR
Zinsen auf   8,10 EUR: 0,08 EUR
Ersparnis: 8,10 EUR
                           ────────
Guthaben am Jahresende: 9,57 EUR

```
       0           1/4        1/2        3/4        1
   |—————————————|————————|——————————|————————|—>
   202,50 €   135,00 €   67,50 €    0 €
```

Zinsen auf 202,50 EUR: 1,01 EUR
Zinsen auf 135,00 EUR: 0,68 EUR
Zinsen auf 67,50 EUR: 0,34 EUR
                           ────────
Guthaben am Jahresende: 2,03 EUR

Bei einer Geldanlage zu 2% ist die Jahreszahlung am günstigsten.

c) Guthaben bei
 – jährlicher Zahlung
   $Z_j = 270 \cdot \frac{5}{100} + 270 \cdot \frac{5}{100} \cdot \frac{p}{100} = 13{,}5 \cdot (1 + \frac{p}{100})$
 – halbjährlicher Zahlung
   $Z_h = 270 \cdot \frac{3}{100} + 270 \cdot \frac{3}{100} \cdot \frac{p}{100} + 270 \cdot \frac{97}{100} \cdot \frac{1}{2} \cdot \frac{p}{100} \cdot \frac{1}{2}$
   $= 270 \cdot (0{,}03 + 0{,}03 \cdot \frac{p}{100} + 0{,}2425 \cdot \frac{p}{100})$
   $= 270 \cdot (0{,}03 + 0{,}2725 \cdot \frac{p}{100})$
 – vierteljährlicher Zahlung
   $Z_v = 270 \cdot \frac{3}{4} \cdot \frac{p}{100} \cdot \frac{1}{4} + 270 \cdot \frac{1}{2} \cdot \frac{p}{100} \cdot \frac{1}{4} + 270 \cdot \frac{1}{4} \cdot \frac{p}{100} \cdot \frac{1}{4}$
   $= 270 \cdot (0{,}1875 \cdot \frac{p}{100} + 0{,}125 \cdot \frac{p}{100} + 0{,}0625 \cdot \frac{p}{100})$
   $= 270 \cdot 0{,}375 \cdot \frac{p}{100}$
   $= 101{,}25 \cdot \frac{p}{100}$

$Z_j < Z_v$
$13{,}5 \cdot (1 + \frac{p}{100}) < 101{,}25 \cdot \frac{p}{100}$
$\quad\quad p > 15{,}38$
Könnte das Geld zu mehr als 15,38% angelegt werden, wäre die vierteljährliche Zahlung günstiger als die jährliche.

$Z_h < Z_v$
$270 \cdot (0{,}03 + 0{,}2725 \cdot \frac{p}{100}) < 101{,}25 \cdot \frac{p}{100}$
$\quad\quad p > 29{,}27$
Erst wenn eine Anlage des Geldes zu mehr als 29,27% möglich wäre, wäre die vierteljährliche Zahlung günstiger.

7.2 Logarithmusfunktionen

7.2.1 Der Logarithmus

1 a) $y = \log_3(5)$ b) $y = \log_2(70)$ c) $y = \log_5(10)$ d) $y = \log_7(49)$
   e) $y = \log_{10}(200)$ f) $y = \log_{10}(0,3)$ g) $y = \log_e(9,1)$ h) $y = \log_e(0,5)$

2 a) 6   b) -6 c) 7   d) -7
   e) 10   f) -10 g) 15   h) n
   i) -2 j) $\frac{1}{2}$ k) 0   l) 3
   m) 2   n) -20 o) 1   p) $\frac{5}{7}$
   q) 1   r) 0   s) -1 t) 3
   u) 2   v) $\frac{1}{2}$ w) 7   x) -7

3 a) 2   b) 1   c) 1   d) -1
   e) 3   f) -2 g) -1 h) 0
   i) $\frac{3}{2}$ j) -2 k) 0   l) -2

4 a) 16   b) 1   c) $\frac{1}{3}$ d) $\frac{1}{27}$
   e) 1000 f) 10^4 g) $\frac{1}{10}$ h) $\frac{1}{1000}$
   i) 25   j) 3   k) $\frac{1}{3}$ l) 4
   m) 8   n) 256   o) 1   p) 2
   q) $\frac{1}{2}$ r) $\frac{1}{4}$ s) $\sqrt{2}$ t) $\frac{1}{32}$

5 a) 2   b) 4   c) 5   d) 2
   e) 10   f) 10   g) 3   h) 3
   i) 9   j) 3   k) 49   l) $a \in \mathbb{R}_+^* \setminus \{1\}$

6 $2^{\log_2(a)} = a$ für $a > 0$, also 8; 256; 0,5; 0,135.

7 15-mal (21-mal); $\log_2(32\,768) = 15$ ($\log_2(2\,097\,152) = 21$)

8 a) pH $\approx 7{,}3$
   b) Handelsessig: $[H] \approx 7{,}9 \cdot 10^{-4}$
      menschl. Blut: $3{,}6 \cdot 10^{-8} \leq [H] \leq 4{,}3 \cdot 10^{-8}$
      50%ige Kalilauge: $[H] \approx 3{,}2 \cdot 10^{-15}$

7.2.2 Logarithmusfunktionen und ihre Schaubilder

1 Die zweite Funktion ist jeweils Umkehrfunktion der ersten, das Schaubild der zweiten Funktion also jeweils Spiegelbild des Schaubilds der ersten bezüglich der 1. Winkelhalbierenden.

2 a) $f(x) = 3 \cdot \log(x)$

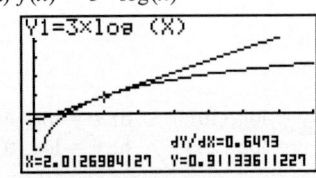

Kein Minimum;
Maximum $3 \cdot \log(8) \approx 2{,}709$.

b) $f(x) = 2 \cdot \ln(x)$

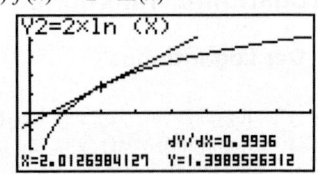

Maximum $2 \cdot \ln(8) \approx 4{,}159$.

c) $f(x) = \frac{1}{2}x + \ln(x)$

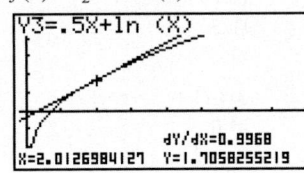

Kein Minimum;
Maximum $\frac{1}{2} \cdot 8 + \ln(8) \approx 6{,}079$

d) $f(x) = 10 \cdot e^{-x} \cdot \ln(x)$

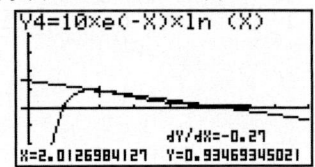

Kein Minimum;
Maximum $f(1{,}763) \approx 0{,}973$.

e) $f(x) = |\ln(x)|$

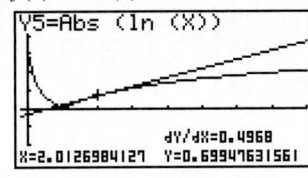

Minimum $f(1) = 0$,
kein Maximum.

f) $f(x) = \ln(x - 1)$

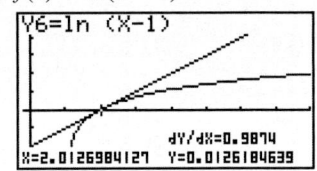

Kein Minimum;
Maximum $f(8) = \ln(7) \approx 1{,}946$.

g) $f(x) = \ln(x^2 + x + 1)$

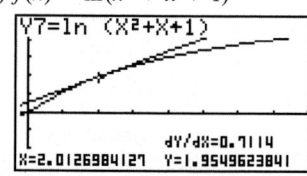

Minimum $f(0) = \ln(1) = 0$.
Maximum $f(8) = \ln(73) \approx 4{,}290$.

h) $f(x) = \log(-x^2 + 7x + 8)$

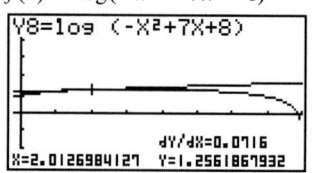

Kein Minimum;
Maximum $f(3{,}5) = \log(20{,}25) \approx 1{,}306$.

3 a) $D = \;]1;\infty[$
b) $D = \;]-2;\infty[$
c) $D = \mathbb{R}_+^*$
d) $D = \mathbb{R}_+^*$

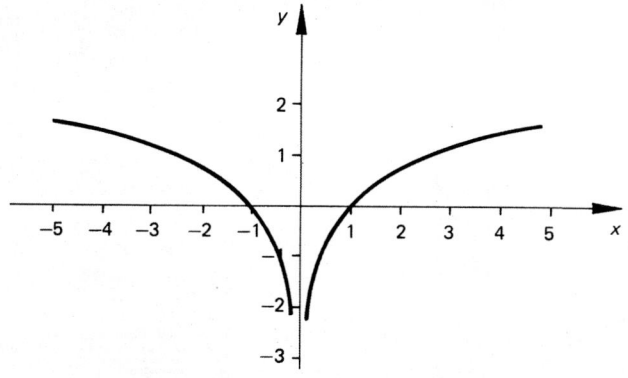

4 a) $f(x) = \ln(|x|)$

b) $f(x) = x + \log(|x|)$

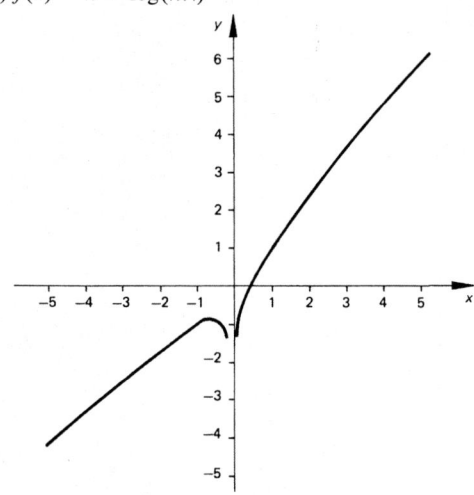

c) $f(x) = \frac{1}{5}e^x \cdot \ln(|x|)$

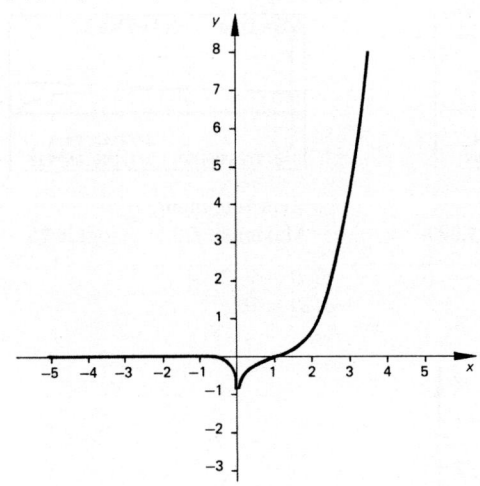

d) $f(x) = \ln(|x + 1|)$

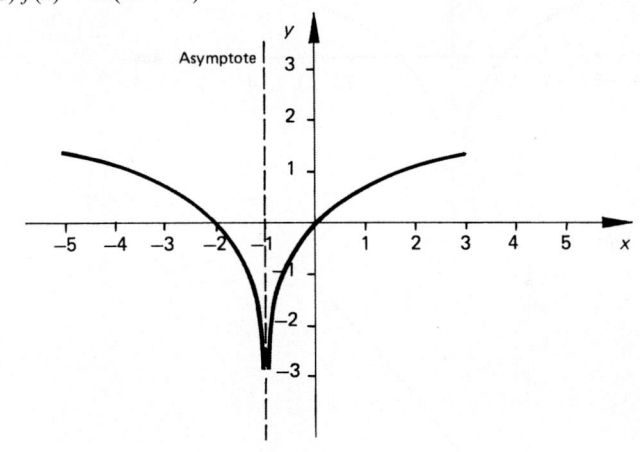

e) $f(x) = 3 \cdot \log(|2x|)$

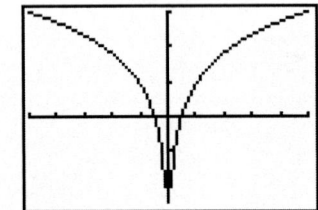

f) $f(x) = x \cdot \log(|x|)$

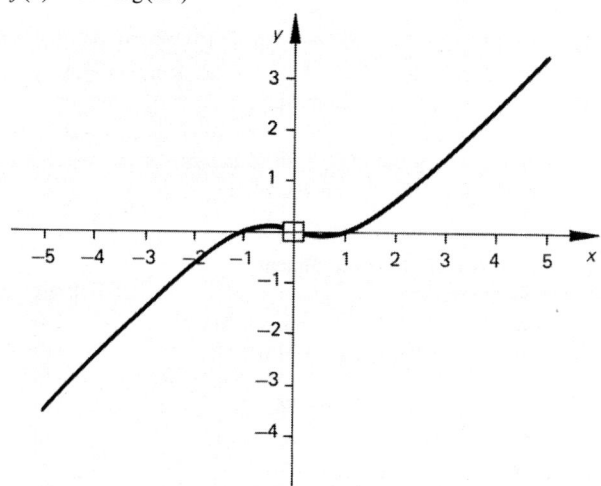

5 a) $f(x) = 10 \cdot \dfrac{\log(x)}{x}$

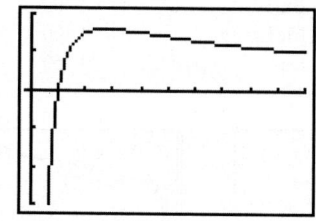

b) $f(x) = 10 \cdot \dfrac{\log(x)}{x^2}$

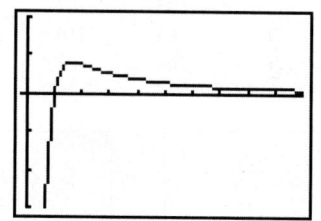

c) $f(x) = 10 \cdot \dfrac{\log(x)}{x^3}$

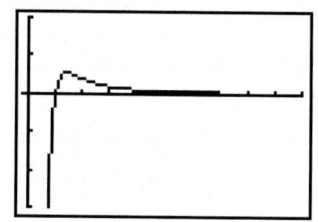

6 a) Wegen $10^{\log(a)} = a$ ist $2 = 10^{\log(2)}$, daher $2^x = (10^{\log(2)})^x = 10^{x \cdot \log(2)}$.
Entsprechend ist
$3^x = 10^{x \cdot \log(3)}$; $5^x = 10^{x \cdot \log(5)}$; $20^x = 10^{x \cdot \log(20)}$; $30^x = 10^{x \cdot \log(30)}$; $a^x = 10^{x \cdot \log(a)}$.

b) Das Schaubild von f mit $f(x) = 2^x = 10^{x \cdot \log(2)}$ geht aus dem von g mit $g(x) = 10^x$ durch eine Streckung parallel zur x-Achse mit dem Faktor $\frac{1}{\log(2)}$ hervor.
(Das Schaubild von f mit $f(x) = 20^x = 10^{x \cdot \log(20)}$ bzw. von f mit $f(x) = a^x = 10^{x \cdot \log(a)}$ geht entsprechend aus dem von g mit $g(x) = 10^x$ durch Streckung parallel zur x-Achse mit dem Faktor $\frac{1}{\log(20)}$ bzw. $\frac{1}{\log(a)}$ hervor.)

7 Folgende Daten wurden aus der Grafik entnommen:

	Preis	Geschw.		Preis	Geschw.
Golf	25	250	Aston Martin	250	330
Passat	40	250	Maybach	410	275
Clio	50	250	Mercedes SLR	425	335
Vectra	50	250	Porsche	440	330
Corvette	85	315	Koenigsegg	530	390
Honda	90	270	Pagani Zonda	600	345
Jaguar	100	250	MTM Bimoto TT	600	375
Audi RS6	100	285	Enzo Ferrari	650	350
Audi A8	105	270	Maserati	800	330
Phaeton	105	288	Bugatti	1 000	400
Bentley	165	310	McLaren	1 400	375
Mercedes SL 65	200	325	Enzo FerrariFXX	1 750	350
Lamborghini	225	335			

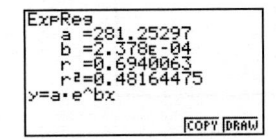

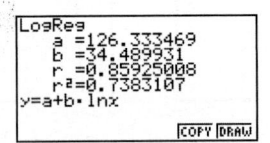

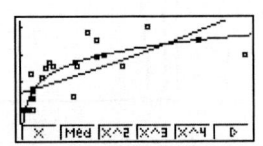

```
ExpReg
 a =281.25297
 b =2.378E-04
 r =0.6940063
 r²=0.48164475
y=a·e^bx
```

```
LogReg
 a =126.333469
 b =34.489931
 r =0.85925008
 r²=0.7383107
y=a+b·lnx
```

Sowohl der Korrelationskoeffizient r als auch die Kurven selbst zeigen, dass die Logarithmuskurve den Zusammenhang besser beschreibt als die Exponentialkurve.

linke Intervallgrenze Preis in 1 000 EUR	rechte Intervallgrenze Preis in 1 000 EUR	linke Intervallgrenze Geschw. in km/h	rechte Intervallgrenze Geschw. in km/h	durchschnittl. Änderungsrate in $\frac{km/h}{1\,000\,EUR}$	momentane Änderungsrate in der rechten Grenze
	50				0,689799
0	100	0	285,1654718	2,851655	0,344899
100	200	285,1654718	309,0720702	0,239066	0,172450
200	300	309,0720702	323,0565339	0,139845	0,114966
300	400	323,0565339	332,9786687	0,099221	0,086225
400	500	332,9786687	340,6748744	0,076962	0,068980
500	600	340,6748744	346,9631323	0,062883	0,057483

linke Intervallgrenze Preis in 1 000 EUR	rechte Intervallgrenze Preis in 1 000 EUR	linke Intervallgrenze Geschw. in km/h	rechte Intervallgrenze Geschw. in km/h	durchschnittl. Änderungsrate in $\frac{\text{km/h}}{1\,000\,\text{EUR}}$	momentane Änderungsrate in der rechten Grenze
600	700	346,9631323	352,2797786	0,053166	0,049271
700	800	352,2797786	356,8852671	0,046055	0,043112
800	900	356,8852671	360,9475959	0,040623	0,038322
900	1000	360,9475959	364,5814728	0,036339	0,034490
1000	1100	364,5814728	367,8687144	0,032872	0,031354
1100	1200	367,8687144	370,8697308	0,030010	0,028742
1200	1300	370,8697308	373,6303982	0,027607	0,026531
1300	1400	373,6303982	376,1863771	0,025560	0,024636
1400	1500	376,1863771	378,5659365	0,023796	0,022993
1500	1600	378,5659365	380,7918656	0,022259	0,021556
1600	1700	380,7918656	382,8828046	0,020909	0,020288
1700	1800	382,8828046	384,8541944	0,019714	0,019161
1800	1900	384,8541944	386,7189691	0,018648	0,018153
1900	2000	386,7189691	388,4880713	0,017691	0,017245

7.2.3 Rechenregeln für den Logarithmus

1 a) $5 + 3 = 8$
b) $\log_t(3) + 3$
c) $-\log_2(3)$
d) -8
e) $\log_a(3) + \log_a(5) + \log_a(6)$
f) $3\log_a(x) - \log_a(y) + \log_a(z)$
g) $-1 - \log_a(y)$
h) $2{,}5 + \log_a(b)$
i) $-\frac{2}{3}\log_a(s)$
j) $-\frac{3}{2}$
k) $\frac{1}{3}\log_a(x) - \frac{1}{3}\log_a(y)$
l) $\log_a(3) + \log_a(a^2 + b^2)$
m) $\log_a(5) + \log_a(b) + \log_a(c) - \log_a(b + c)$
n) $\frac{1}{2}\log_a(b) + \log_a(c)$
o) 3
p) $2\log_a(b)$
q) $\log_a\left(\frac{c}{b}\right)$
r) 1
s) $3\log_a(x + y)$
t) $\frac{1}{3}\log_a(a + b) - \frac{1}{3}\log_a(a - b)$

2 a) 0 b) 0 c) 0 d) $\frac{1}{8}$ e) $-3{,}5$ f) 0

3 a) $\log\left(\frac{y \cdot y}{z}\right)$
b) $\log(x^2)$
c) 0
d) $\log\left(\frac{y}{x}\right)$
e) $\log(y)$
f) $\log(\frac{1}{y})$
g) $\log(x^2)$
h) $\log\left(\frac{\sqrt{(x+y)} \cdot \sqrt{x}}{\sqrt{y}}\right)$
i) $\log\left(\frac{x+y}{x}\right)$
j) $2\log\left(\frac{x}{y}\right)$

4 a) $\log_2(x)$ b) $\log_3(9) = 2$ c) $\log_2(8) = 3$
    d) $\log_4(2) = \frac{1}{2}$ e) $\log_5(5) = 1$ f) $\ln(e) = 1$

5 a) $\log\left(\frac{5}{3}\right) - \log\left(\frac{15}{4}\right) + \log\left(\frac{9}{4}\right) = \log\left(\frac{5 \cdot 4 \cdot 9}{3 \cdot 15 \cdot 4}\right) = \log(1) = 0$

    b) $\log\left(\frac{\sqrt{4} \cdot 6^3}{3^2 \cdot 2^4}\right) = \log(3)$

    c) $\log\left(\frac{\sqrt{c^2 - d^2}}{c + d}\right) = \log\left(\frac{\sqrt{c - d} \cdot \sqrt{c + d}}{c + d}\right) = \log\left(\frac{\sqrt{c - d}}{\sqrt{c + d}}\right)$

    d) $\log(1 + \frac{1}{1}) + \log(1 + \frac{1}{2}) + \ldots + \log(1 + \frac{1}{99}) = \log(2 \cdot \frac{3}{2} \cdot \frac{4}{3} \cdot \ldots \cdot \frac{99}{98} \cdot \frac{100}{99}) = \log(100) = 2$

6 Multiplikation mit der negativen Zahl $\log(\frac{1}{3})$ kehrt den Sinn der Ungleichung um.

7 a) 0,5065; 1,5065; 2,5065 usw.
    b) Die Numeri aus a) sind alle von der Form $10^n \cdot 3{,}21$ mit ganzzahligem n.

8 $\log_a(b) \cdot \log_b(a) = \log_b(a^{\log_a(b)}) = \log_b(b) = 1$

9 Indirekter Beweis: Annahme $\log_4(3) = \frac{p}{q}$ mit $p, q \in \mathbb{N}^*$ (d.h. rational)
$\log_4(3) = \frac{p}{q} \Leftrightarrow 3 = 4^{\frac{p}{q}} \Rightarrow 3^q = 4^p$
3^q ist eine ungerade, 4^p eine gerade Zahl: Widerspruch!

7.2.4 Exponential- und Logarithmusgleichungen

1 a) $L = \{2{,}1198\}$ b) $L = \{0{,}0104\}$
    c) $L = \{2\}$ d) $L = \{1{,}3569\}$
    e) $L = \{-0{,}4456\}$ f) $L = \{0\}$
    g) $L = \{0\}$ h) $L = \{0{,}5537\}$
    i) $D =]-3; \infty[; L = \{97\}$ j) $D =]-5; \infty[\setminus\{0\}; L = \{-2,5\}$
    k) $D = \mathbb{R}\setminus[-10; 10]; L = \{\pm 10{,}76\}$ l) $L = \{0\}$
    m) $L = \{\frac{4}{3}\}$ n) $L = \{-1; 9\}$
    o) $D = \mathbb{R}_+^*; L = \{1; 3\}$

2 a) $-1{,}933; 1{,}264$ b) $-2; 0$ c) $-1{,}965; 1{,}058$
    d) $0{,}402; 2{,}494$ e) $0{,}010; 2{,}376$ f) $1{,}887$
    g) $0{,}3124; 3{,}2007$ h) $10; 1\,000$ i) $54{,}969$

3 a) $L = \{2\}$ b) $L = \{\}$ c) $L = \{\}$
   d) $L = \{-2\}$ e) $L = \{2\}$ f) $L = \{\}$
   g) $L = \{0\}$ h) $L = \{0\}$ i) $L = \{100\}$
   j) $L = \{10^{-100}\}$ k) $L = \{100\}$ l) $L = \{1\}$
   m) $L = \{\}$ n) $L = \{10^4\}$ o) $L = \{\}$
   p) $L = \{7\}$ q) $L = \{-\frac{1}{3}\}$ r) $L = \{1\}$
   s) $L = \{-4\}$ t) $L = \{2\}$ u) $L = \{2\}$

4 a) $\sqrt[10]{2} = 1{,}0718$; $\sqrt[10]{500} = 1{,}8616$; $\sqrt[10]{10^{10}} = 10$; $\sqrt[10]{1} = 1$
   b) $\log(2) = 0{,}3010$; $\log(500) = 2{,}699$; $\log(10^{10}) = 10$; $\log(1) = 0$

5 a) $L = \{2{,}3219\}$ b) $L = \{-0{,}356;\ 0{,}471\}$
   c) $L = \{\}$ d) $L = \{0{,}5\}$
   e) $L = \{-1\}$ f) $L = \{-1;\ 2\}$
   g) $L = \{\}$ h) $L = \{\}$
   i) $L = \{0;\ -1\}$ j) $L = \{-2\}$

6 $f: y = \dfrac{1}{2}\ln\left(\dfrac{1+x}{1-x}\right)$ $\qquad e^{2x} \cdot (1 - y) = 1 + y$

$x = \dfrac{1}{2}\ln\left(\dfrac{1+y}{1-y}\right)$ $\qquad y = \dfrac{e^{2x} - 1}{e^{2x} + 1}$

$2x = \ln\left(\dfrac{1+y}{1-y}\right)$ $\qquad y = \dfrac{e^x \cdot e^x - e^x \cdot e^{-x}}{e^x \cdot e^x + e^x \cdot e^{-x}}$

$e^{2x} = \dfrac{1+y}{1-y}$ $\qquad f^{-1}: y = \dfrac{e^x - e^{-x}}{e^x + e^{-x}}$

7 $f^{-1}(x) = \ln(10x) - 2$
   $D_{f^{-1}} = [0{,}037;\ 5{,}46]$
   $W_{f^{-1}} = [-3;\ 2]$

8 a) Nach 1,631 Stunden (= 1 Stunde 38 Minuten).
   b) Vor 0,631 Stunden (= 38 Minuten).

9 $\frac{2}{3} \cdot H_0 = H_0 \cdot (1 - \frac{8}{100})^n$. Bei 4,86 cm Dicke.

10 14,2 Jahre

11 Nach 10,43 Minuten (43,71 Minuten).

12 5510 m

13 a) $6{,}260 = 5{,}767 \cdot q^6$
   $q \approx 1{,}01377$
   b) $6 = 5{,}767 \cdot 1{,}01377^n \Leftrightarrow n \approx 2{,}896$ [a] $\approx$ 2 [a] 10,753 [m] $\approx$ 2 [a] 10 [m] 22 [d]
   In der ersten Septemberhälfte 1998.
   c) 7,078 Mrd.; 8,118 Mrd.
   d) Im Jahre 2036 (2086).

e)

Jahr	Bevölkerungszahl	Jahr	Bevölkerungszahl	Jahr	Bevölkerungszahl	Jahr	Bevölkerungszahl
95	5,767	03	6,434	11	7,178	19	8,007
96	5,846	04	6,522	12	7,276	20	8,118
97	5,927	05	6,612	13	7,377	21	8,230
98	6,009	06	6,703	14	7,478	22	8,343
99	6,091	07	6,796	15	7,581	23	8,458
00	6,175	08	6,889	16	7,686	24	8,574
01	6,260	09	6,984	17	7,791	25	8,692
02	6,346	10	7,080	18	7,899		

14 a)

b) 0,3 µg nach 1,5 Stunden; 0,1 µg nach 4,6 Stunden; 1,5 µg vor 3,2 Stunden.

c) Nach 6,64 Stunden.

15 Nach jedem Schöpfvorgang sind noch $\frac{395}{400}$ des vorherigen Alkohols vorhanden.

$$\frac{80}{100} \cdot 400 \left(\frac{395}{400}\right)^n = \frac{50}{100} \cdot 400; \quad 38\text{-mal} \quad (19\text{-mal})$$

16 a) $\frac{90}{100} M_0 = M_0 \cdot (\frac{1}{2})^{\frac{x}{5736}}$; Entstehung vor rd. 872 Jahren (1 847 Jahren); 12tes (zweites) Jahrhundert.

b) $\frac{53}{100} M_0 = M_0 \cdot (\frac{1}{2})^{\frac{x}{5736}}$

Rd. 5254 Jahre vor dem Fund.

c) $M_0 \cdot (\frac{1}{2})^{\frac{3245}{5736}} \approx 0{,}676 \, M_0$

Ungefähr 67,6%.

17	Anfangsbestand x	1 Jahr später $x + x \cdot \frac{2{,}5}{100} - x \cdot \frac{6}{100} = x \cdot \frac{96{,}5}{100}$

$\frac{x}{2} = x \cdot 0{,}965^n$

$n \approx 19{,}46$

18 a) Buchwert nach 5 Jahren: 50000 EUR $\cdot (1 - \frac{20}{100})^5 = 16384$ EUR; Buchwert nach 10 Jahren: 5368,71 EUR.
b) Abschreibung im fünften Jahr:
50000 EUR $\cdot (1 - \frac{20}{100})^4 - 50000$ EUR $\cdot (1 - \frac{20}{100})^5 = 4096$ EUR;
Abschreibung im zehnten Jahr: 1342,18 EUR.
c) 50000 EUR $\cdot (1 - \frac{20}{100})^n = 10000$ EUR; $n = 7{,}21$. Der Buchwert beträgt noch 10000 EUR nach 7,21 Jahren (noch 5 EUR nach 41,28 Jahren).

19 Restschuld = 5000 nach 8 Jahren. Restschuld nach n Jahren:

$f(n) = \begin{cases} 10000 \cdot 0{,}917^n & \text{für } 0 \leq n \leq 8 \\ 5000 - (n - 8) \cdot 1000 & \text{für } 8 < n \leq 13 \end{cases}$

20 Nach 3,74 (9,01) Jahren.

21 Nach a) 17,7 b) 41 Jahren.

22 a) ca. 25,5%
b) Nach 30,5 Jahren, d.h. im Juli 2027.
c) Nach 53,8 Jahren, d.h. im Oktober 2050.

23 a) 43000 EUR $\to$ 50000 \$ $\to$ 68381,55 \$ $\to$ 54021,42 EUR
b) 7,9%

8 Trigonometrische Funktionen

8.1 Bogenmaß eines Winkels

1

Gradmaß α	1°	−60°	57,3°	−800°	−360°	425°
Bogenmaß x	0,0175	−1,047	1,0001	−13,96	−6,28	7,418

2

Bogenmaß x	0,1	−1	6,28	−100	3,14	−7
Gradmaß α	5,7296°	−57,296°	359,8°	−5729,6°	179,9°	−401,07°

3

Gradmaß α	180°	90°	45°	60°	30°	120°	240°	15°	75°
Bogenmaß x	π	$\frac{\pi}{2}$	$\frac{\pi}{4}$	$\frac{\pi}{3}$	$\frac{\pi}{6}$	$\frac{2}{3}\pi$	$\frac{4}{3}\pi$	$\frac{\pi}{12}$	$\frac{5}{12}\pi$

Gradmaß α	150°	135°
Bogenmaß x	$\frac{10}{12}\pi$	$\frac{3}{4}\pi$

4 Zahl der Umdrehungen $= \dfrac{\text{Erdumfang am Äquator}}{\text{Umfang des Rades}}$

$= \dfrac{2\pi \cdot 6378 \text{ km}}{2\pi \cdot 1 \text{ m}} = 6\,378\,000$

5 Andere Drehwinkel, die zur gleichen Lage führen, haben die Form
$x_i = -5{,}4 \pm i \cdot 2\pi; \quad i \in \mathbb{Z}$.
Beispiele: $x_1 = 0{,}88 = -5{,}4 + 2\pi$; $x_2 = 7{,}17 = -5{,}4 + 4\pi$; $x_3 = -11{,}68$
$= -5{,}4 - 2\pi$; $x_4 = -17{,}97 = -5{,}4 - 4\pi$; $x_5 = 13{,}45 = -5{,}4 + 6\pi$.

6 $b = x \cdot r$ a) 3 cm   b) (−) 31,40 cm   c) 30 cm   d) 56,55 cm
$b = \frac{\pi}{180°} \cdot \alpha \cdot r$ e) 2,44 cm   f) (−) 8,73 cm

8.2 Definition der trigonometrischen Funktionen am Einheitskreis

1
a) 0; 0; 1; −1; 0; 1.
b) 1; 1; 0; 0; −1; −1.
c) 0; 0; n. def.; n. def.; 0; 0.
d) 0; 1; n. def.; n. def.; 0; 0.

2 a) $\sin(x) = 0$ für $x = n \cdot \pi$ mit $n \in \mathbb{Z}$;
z. B. für $x = 0$; $\pm\pi$; $\pm 2\pi$; $\pm 3\pi$.
$\sin(x) = 1$ für $x = \frac{\pi}{2} + n \cdot 2\pi$ mit $n \in \mathbb{Z}$;
z. B. für $x = \frac{\pi}{2}$; $\frac{5}{2}\pi$; $\frac{9}{2}\pi$; $\frac{13}{2}\pi$; $-\frac{3}{2}\pi$; $-\frac{7}{2}\pi$; $-\frac{11}{2}\pi$; $-\frac{15}{2}\pi$.
$\sin(x) = -1$ für $x = \frac{3}{2}\pi + n \cdot 2\pi$ mit $n \in \mathbb{Z}$;
z. B. für $x = \frac{3}{2}\pi$; $\frac{7}{2}\pi$; $\frac{11}{2}\pi$; $\frac{15}{2}\pi$; $-\frac{\pi}{2}$; $-\frac{5}{2}$; $-\frac{9}{2}\pi$; $-\frac{13}{2}\pi$.
b) $\cos(x) = 0$ für $x = \frac{\pi}{2} + n \cdot \pi$ mit $n \in \mathbb{Z}$;
z. B. für $x = \pm\frac{\pi}{2}$; $\pm-\frac{3}{2}\pi$; $\pm-\frac{5}{2}\pi$; $\pm-\frac{7}{2}\pi$.
$\cos(x) = 1$ für $x = n \cdot 2\pi$ mit $n \in \mathbb{Z}$;
z. B. für $x = 0$; $\pm 2\pi$; $\pm 4\pi$.
$\cos(x) = -1$ für $x = \pi + n \cdot 2\pi$ mit $n \in \mathbb{Z}$;
z. B. für $x = \pm\pi$; $\pm 3\pi$; $\pm 5\pi$; $\pm 7\pi$.

3 a) $\sin(2\pi + 0{,}1) \approx 0{,}0998 \quad \sin(2\pi - 0{,}1) \approx -0{,}0998$ usw.
b) $\cos(\frac{\pi}{2} + 0{,}1) \approx -0{,}0998 \quad \cos(\frac{\pi}{2} - 0{,}1) \approx 0{,}0998$ usw.
c) $\tan(\frac{\pi}{2})$ ist nicht definiert. $\tan(\frac{\pi}{2} - 0{,}1) \approx 9{,}97$ usw.

4 a) $\sin(\frac{\pi}{4}) = \frac{1}{2} \cdot \sqrt{2} \approx 0{,}7071$; $\sin(7{,}3°) \approx 0{,}1271$;
$\tan(315°) = -1$; $\sin(7{,}3) \approx 0{,}8504$; $\sin(1) \approx 0{,}8415$
b) $\cos(-0{,}5) \approx 0{,}8776$; $\cos(5\pi) = -1$; $\cos(1{,}5) \approx 0{,}0707$; $\cos(24) \approx 0{,}4242$;
$\cos(240°) = -0{,}5$
c) $\cos(225°) \approx -0{,}7071$; $\tan(1{,}7) \approx -7{,}6966$; $\tan(\frac{5}{4}\pi) = 1$;
$\tan(17{,}3) \approx -47{,}0730$; $\tan(1) \approx 1{,}5574$
d) $\tan(0{,}5) \approx 0{,}5463$; $\sin(3{,}1) \approx 0{,}0416$; $\sin(-30°) = -0{,}5$;
$\cos(-3) \approx -0{,}9900$; $\tan(135°) = -1$

5 a) Erster Quadrant: $\sin(x)$ positiv ($\cos(x)$ positiv).
b) Vierter Quadrant: $\sin(x)$ negativ ($\cos(x)$ positiv).
c) Dritter Quadrant: $\sin(x)$ negativ ($\cos(x)$ negativ).
d) Zweiter Quadrant: $\sin(x)$ positiv ($\cos(x)$ negativ).

6 a)   b)

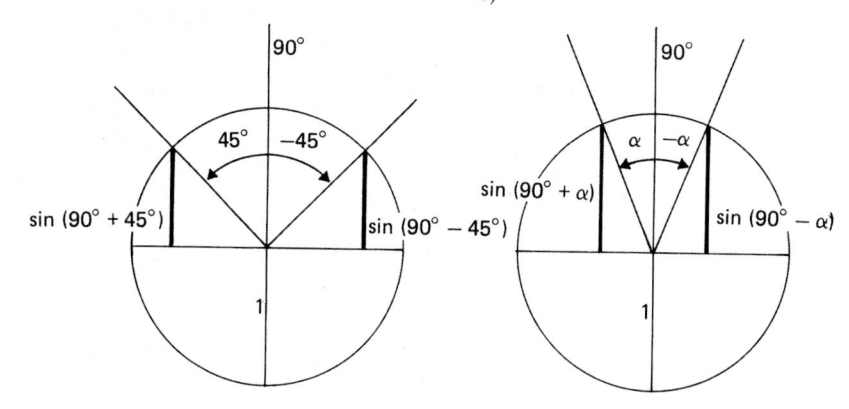

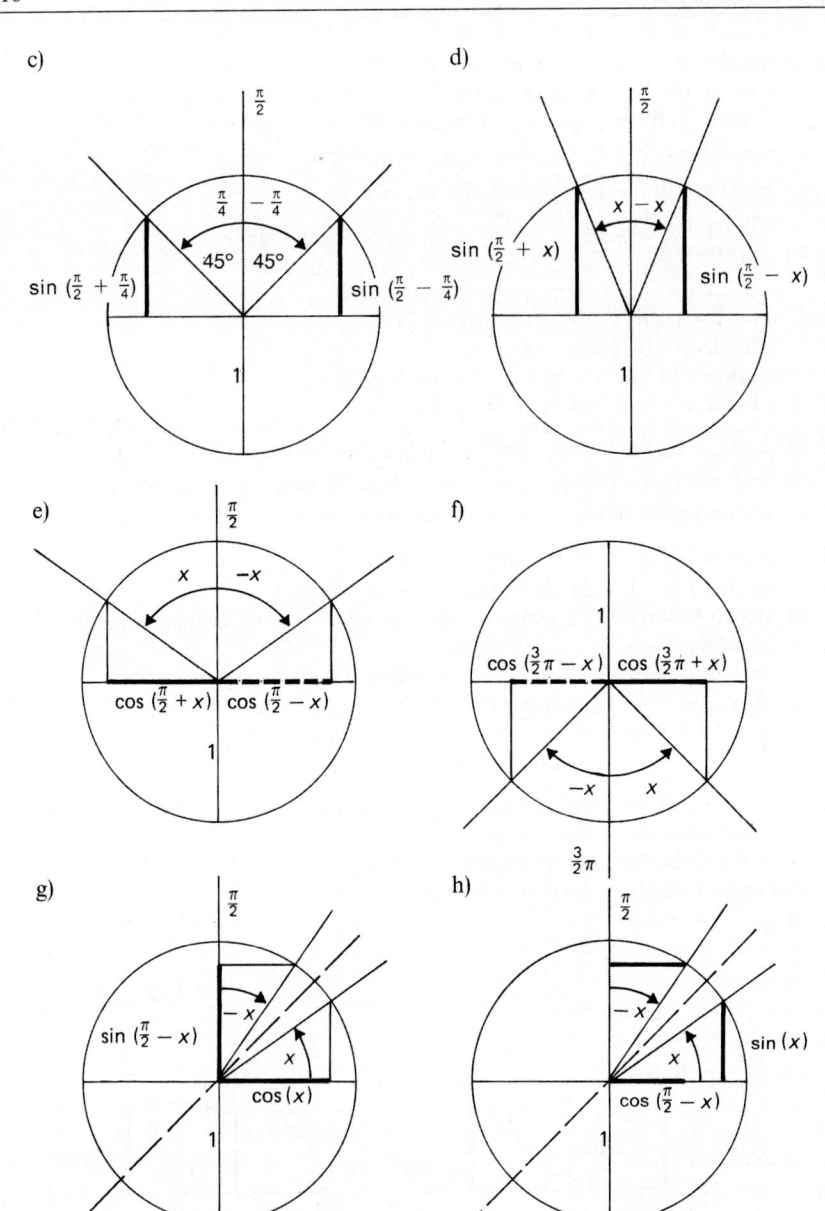

c) $\sin\left(\frac{\pi}{2} + \frac{\pi}{4}\right)$ ... $\sin\left(\frac{\pi}{2} - \frac{\pi}{4}\right)$, $\frac{\pi}{4}$, $-\frac{\pi}{4}$, $45°$, $45°$, $\frac{\pi}{2}$, 1

d) $\sin\left(\frac{\pi}{2} + x\right)$ ... $\sin\left(\frac{\pi}{2} - x\right)$, x, $-x$, $\frac{\pi}{2}$, 1

e) $\cos\left(\frac{\pi}{2} + x\right)$ | $\cos\left(\frac{\pi}{2} - x\right)$, x, $-x$, $\frac{\pi}{2}$, 1

f) $\cos\left(\frac{3}{2}\pi - x\right)$ | $\cos\left(\frac{3}{2}\pi + x\right)$, $-x$, x, 1, $\frac{3}{2}\pi$

g) $\sin\left(\frac{\pi}{2} - x\right)$, $\cos(x)$, $-x$, x, $\frac{\pi}{2}$, 1

h) $\cos\left(\frac{\pi}{2} - x\right)$, $\sin(x)$, $-x$, x, $\frac{\pi}{2}$, 1

7

(right triangle diagram with hypotenuse 1, angle x, horizontal leg $\cos(x)$, vertical leg $\sin(x)$)

8 a) $x = n \cdot \pi$, $n \in \mathbb{Z}$
c) $x = n \cdot 2\pi$, $n \in \mathbb{Z}$
e) $x = \frac{\pi}{2} + n \cdot 2\pi$, $n \in \mathbb{Z}$
g) $x \approx 1{,}249 + n \cdot \pi$, $n \in \mathbb{Z}$

b) $x = n \cdot \pi$, $n \in \mathbb{Z}$
d) $x = n \cdot \pi$, $n \in \mathbb{Z}$
f) $x = \frac{\pi}{2} + n \cdot \pi$, $n \in \mathbb{Z}$
h) $x \approx -1{,}249 + n \cdot \pi$, $n \in \mathbb{Z}$

9 $\sin(x) = \sin(\pi - x)$; $\sin(x) = \sin(x \pm 2\pi)$.
$\cos(x) = \cos(2\pi - x)$; $\cos(x) = \cos(x \pm 2\pi)$.
$\tan(x) = \tan(x + n \cdot \pi)$; $n \in \mathbb{Z}$.

a) -2π; $-\pi$; 0; π; 2π
c) $0{,}5236$; $2{,}618$; $-3{,}6652$; $-5{,}7596$
e) $0{,}7754$; $2{,}3662$; $-3{,}917$; $-5{,}5078$
g) $-\frac{3}{2}\pi$; $-\frac{\pi}{2}$; $\frac{\pi}{2}$; $\frac{3}{2}\pi$
i) $2{,}0944$; $4{,}1888$; $-2{,}0944$; $-4{,}1888$
k) -2π; $-\pi$; 0; π; 2π
m) $\frac{\pi}{4}$; $\frac{\pi}{4} - \pi$; $\frac{\pi}{4} + \pi$; $\frac{\pi}{4} - 2\pi$
o) $-1{,}4289$; $1{,}7127$; $4{,}8543$; $-4{,}5705$

b) $-\frac{3}{2}\pi$; $\frac{\pi}{2}$
d) $-0{,}5236$; $3{,}6652$; $-2{,}618$; $5{,}756$
f) $-0{,}7754$; $3{,}917$; $-2{,}3662$; $5{,}5078$
h) $-\pi$; π
j) $1{,}3694$; $4{,}9137$; $-1{,}3694$; $-4{,}9137$
l) $-\frac{\pi}{4}$; $-\frac{\pi}{4} - \pi$; $-\frac{\pi}{4} + \pi$; $-\frac{\pi}{4} + 2\pi$
n) $1{,}2490$; $4{,}3906$; $-1{,}8925$; $-5{,}0341$
p) $1{,}5608$; $4{,}7024$; $-1{,}5808$; $-4{,}7224$

10 a) $[2{,}094; (2\pi - 2{,}094)]$
c) $[0; \frac{\pi}{4}\,[\cup]\,\frac{3}{4}\pi; \frac{5}{4}\pi\,[\cup]\,\frac{7}{4}\pi; 2\pi]$.

b) $]\frac{\pi}{4}; \pi - \frac{\pi}{4}[$

11 $\triangle$AKB ist gleichschenklig.
In diesem Dreieck gilt nach dem Kosinussatz:
$\overline{BK}^2 = r^2 + r^2 - 2r^2 \cdot \cos(\varphi_1 + \varphi_2)$
$\phantom{\overline{BK}^2} = 2r^2 \cdot (1 - \cos(\varphi_1 + \varphi_2))$
$\overline{BK} \approx 8725$

$\beta = \dfrac{180° - \varphi_1 - \varphi_2}{2} = 46{,}775°$
$\alpha = 180° - \beta - \delta_1 = 101{,}145°$
$\gamma = 180° - \beta - \delta_2 = 77{,}505°$
$\varepsilon = 180° - \alpha - \gamma = 1{,}35°$

Im $\triangle$BKM gilt nach dem Sinussatz:
$\dfrac{\overline{BM}}{\sin(\gamma)} = \dfrac{\overline{BK}}{\sin(\varepsilon)}$
$\overline{BM} = \overline{BK} \cdot \dfrac{\sin(\gamma)}{\sin(\varepsilon)} = 361\,563$

Im $\triangle$AMB gilt:
$\overline{AM}^2 = r^2 + \overline{BM}^2 - 2 \cdot r \cdot \overline{BM} \cdot \cos(\alpha + \beta)$
$\overline{AM} = 366\,976$

8.3 Schaubilder der trigonometrischen Funktionen und ihre Eigenschaften
8.4 Überlagerung von Schwingungen

1 Von 0 bis 31π Nullstellen der Sinus- und der Tangensfunktion ($n \cdot \pi$ mit $n \in \mathbb{Z}$); ab $\frac{\pi}{2}$ Nullstellen der Kosinusfunktion ($\frac{\pi}{2} + n \cdot \pi$ mit $n \in \mathbb{Z}$).

2 a) $f(x) = 2 \cdot \sin(x)$

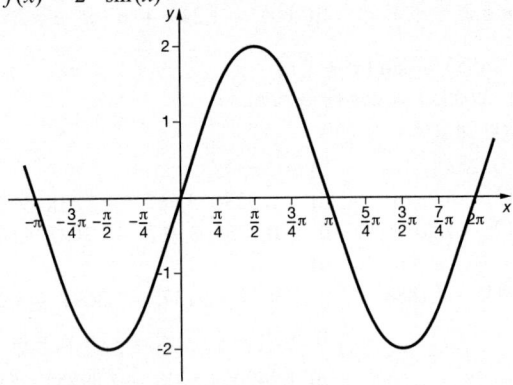

Periodenlänge: 2π;
Amplitude: 2;
$f'(\pi) = -2$.

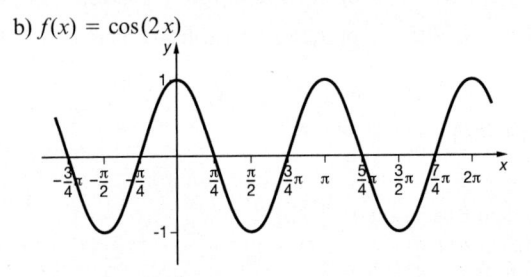

b) $f(x) = \cos(2x)$

Periodenlänge: π;
Amplitude: 1;
$f'(\pi) = 0$.

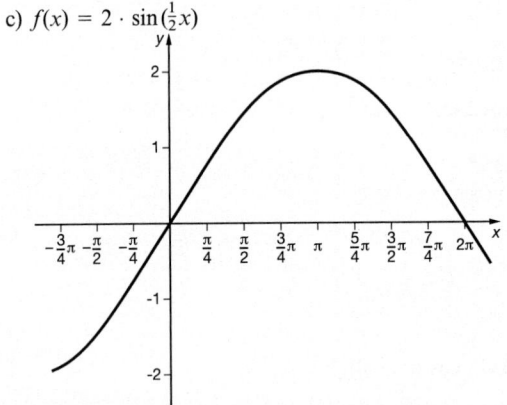

c) $f(x) = 2 \cdot \sin(\frac{1}{2}x)$

Periodenlänge: 4π;
Amplitude: 2;
$f'(\pi) = 0$.

d) $f(x) = 3 \cdot \sin(x - \pi)$

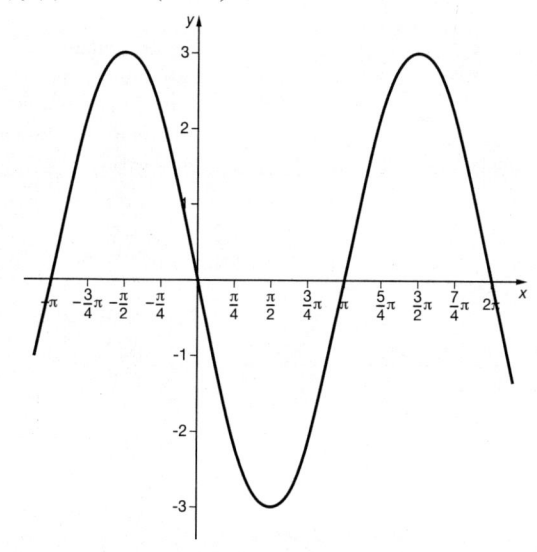

Periodenlänge: 2π;
Amplitude: 3;
$f'(\pi) = 3$.

e) $f(x) = \tan(x - \frac{\pi}{2})$

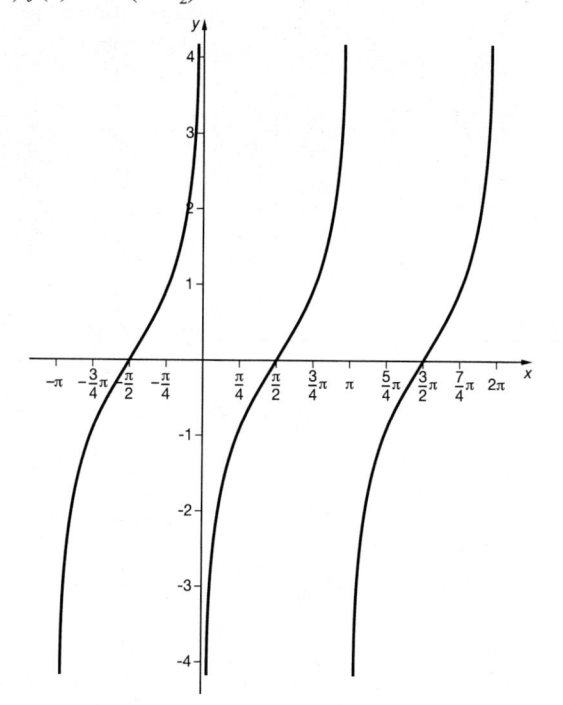

Periodenlänge: π;
Amplitude: –;
Polstelle bei π.

f) $f(x) = |\sin(x)|$

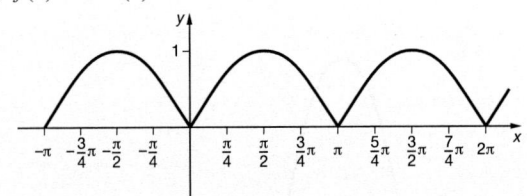

Periodenlänge: π;
Amplitude: $-$;
keine Tangente (obwohl der GTR eine Tangente zeichnet).

g) $f(x) = \sin^2(x)$

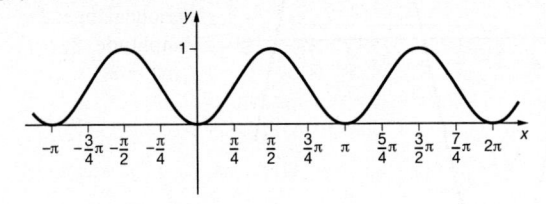

Periodenlänge: π;
Amplitude: $\frac{1}{2}$;
$f'(\pi) = 0$.

h) $f(x) = 1 + \cos(x)$

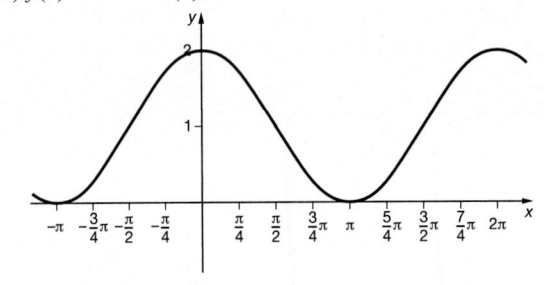

Periodenlänge: 2π;
Amplitude: 1;
$f'(\pi) = 0$.

i) $f(x) = \sin^2(x) + \cos^2(x)$

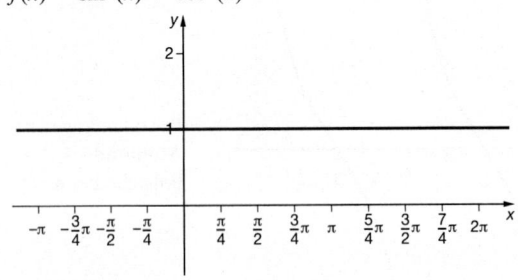

Periodenlänge: $-$;
Amplitude: $-$;
$f'(\pi) = 0$.

j) $f(x) = \cos(|x|)$

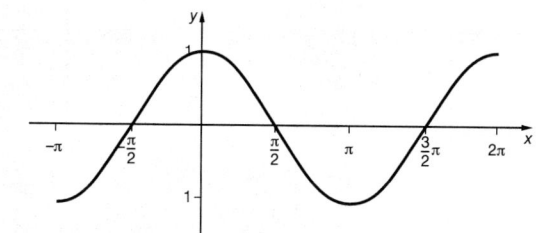

Periodenlänge: 2π;
Amplitude: 1;
$f'(\pi) = 0$.

3 a) $f(x) = \dfrac{1}{3 \cdot \sin(x)}$

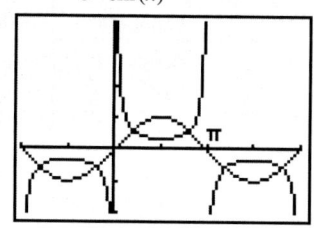

Periodenlänge: 2π;
keine Schnittpunkte mit der x-Achse.

b) $f(x) = \sin(x) \cdot \cos(x)$

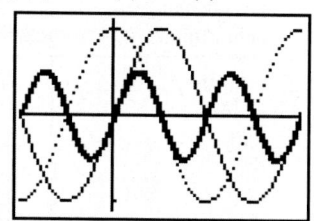

Periodenlänge: π

Schnittpunkt	Steigung
$(-\pi/0)$; $(0/0)$; $(\pi/0)$; $(2\pi/0)$	1
$(-\frac{\pi}{2}/0)$; $(\frac{\pi}{2}/0)$; $(\frac{3}{2}\pi/0)$	-1

c) $f(x) = \cos(x) \cdot (1 - \sin(2x))$

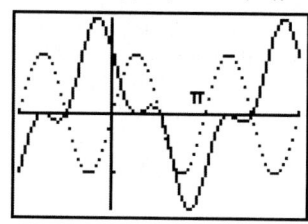

Periodenlänge: 2π

Schnittpunkt	Steigung
$(-\frac{3}{4}\pi/0)$; $(\frac{\pi}{4}/0)$; $(\frac{5}{4}\pi/0)$	0
$(-\frac{\pi}{2}/0)$; $(\frac{3}{2}\pi/0)$	1
$(\frac{\pi}{2}/0)$	-1

d) $f(x) = \dfrac{\sin(x)}{x}$

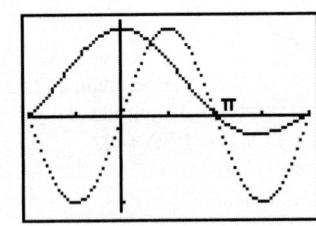

Periodenlänge: –

Schnittpunkt	Steigung
$(-\pi/0)$	0,318
$(\pi/0)$	$-0,318$
$(2\pi/0)$	0,159

e) $f(x) = \dfrac{\sin(x)}{x^2}$

Periodenlänge: –

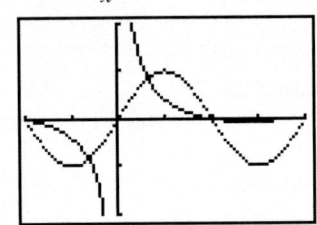

Schnittpunkt	Steigung
$(-\pi/0)$	$-0,101$
$(\pi/0)$	$-0,101$
$(2\pi/0)$	0,025

f) $f(x) = 1{,}5^{-x} \cdot \sin(2x)$

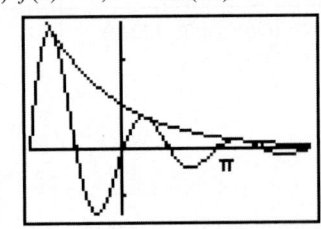

Periodenlänge: –

Schnittpunkt	Steigung
$(-\pi/0)$	7,148
$(-\frac{\pi}{2}/0)$	$-3,781$
$(0/0)$	2
$(\frac{\pi}{2}/0)$	$-1,058$
$(\pi/0)$	0,560
$(\frac{3}{2}\pi/0)$	$-0,296$
$(2\pi/0)$	0,157

g) $f(x) = \tan(1{,}5x)$

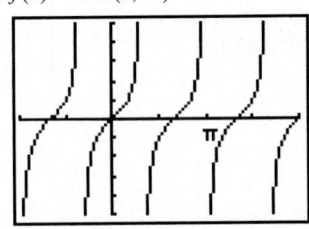

Periodenlänge: $\frac{2}{3}\pi$;
Schnittpunkte: $(\pm\frac{2}{3}\pi/0)$; $(0/0)$;
$(\frac{4}{3}\pi/0)$; $(2\pi/0)$;
Steigung jeweils 1,5.

h) $f(x) = -x \cdot \sin(1,5x)$

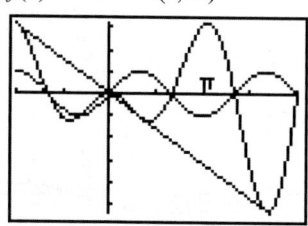

Periodenlänge: –

Schnittpunkt	Steigung
$(-\frac{2}{3}\pi/0)$	$-\pi$
$(0/0)$	0
$(\frac{2}{3}\pi/0)$	π
$(\frac{4}{3}\pi/0)$	-2π
$(2\pi/0)$	3π

4 a) Y1=A×sin (√(1÷9.81)x
X=19.679514137 Y=0 ROOT

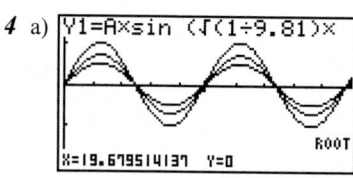

b) Y1=.1×sin (√(0.5÷9.8
X=27.831035794 Y=0 ROOT

Y1=.1×sin (√(1.0÷9.8
X=19.679514137 Y=0 ROOT

Y1=.1×sin (√(1.5÷9.8
X=16.068256007 Y=0 ROOT

Y1=.1×sin (√(2.0÷9.8
X=13.915517897 Y=0 ROOT

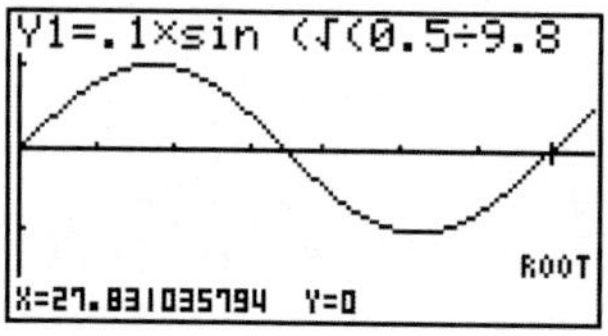

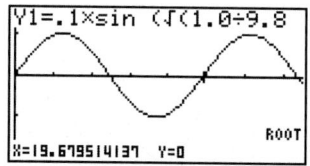

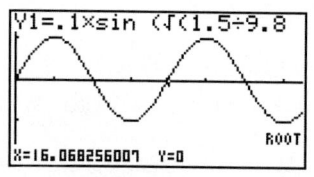

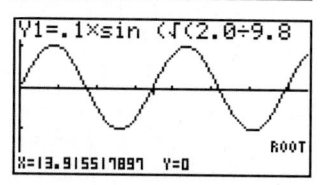

c) Y2=(Y1−.1×sin (√(2÷9

X	Y2
1.99	0.028
1.999	0.0279
2.001	0.0279
2.01	0.0278

0.02795124476

Y2=(Y1−.1×sin (√(2÷9

X	Y2
2.99	9.7E-3
2.999	9.6E-3
3.001	9.6E-3
3.01	9.5E-3

9.677232862E-03

Y2=(Y1−.1×sin (√(2÷9

X	Y2
6.9577	−0.045
6.9577	−0.045
6.9577	−0.045
6.9577	−0.045

−0.045152364

Y2=(Y1−.1×sin (√(2÷9

X	Y2
3.4788	8E-7
3.4788	−5E-10
3.4788	−2E-8
3.4788	−1E-7

−2.1E-08

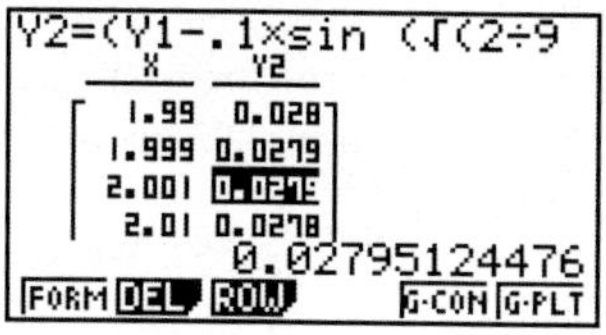

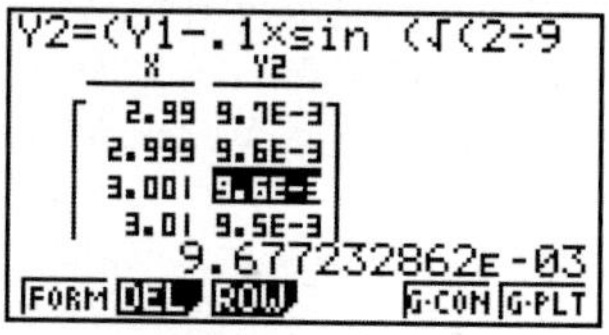

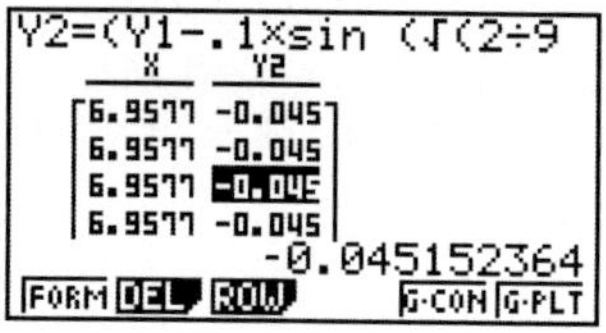

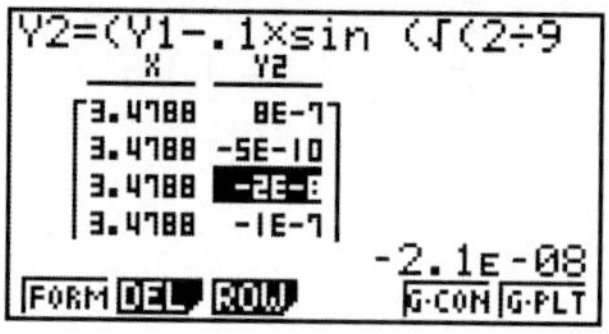

5 a) $f(x) = e^{-\frac{x}{2\pi}} \cdot \cos(x)$

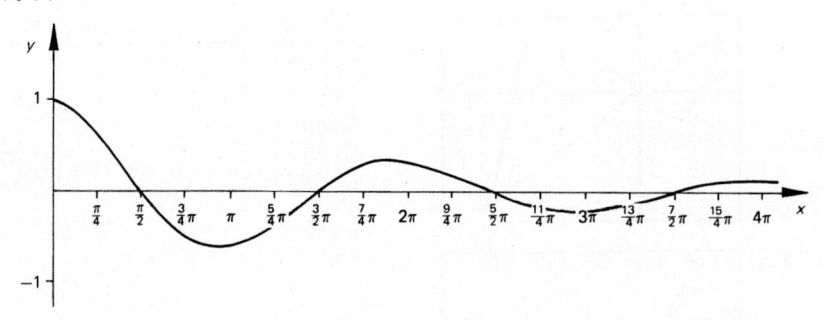

b) $f(x) = e^{-\frac{x}{2\pi}} \cdot \sin(2x)$

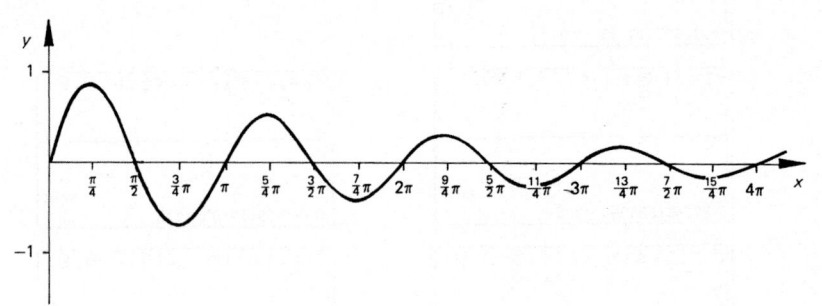

6 a) $\sin(x) = \frac{1}{2}$ für $x = \frac{\pi}{6}$ und wegen $\sin(x) = \sin(\pi - x)$ für $x = \frac{5}{6}\pi$. Weitere Winkel sind $\frac{\pi}{6} + n \cdot 2\pi$ bzw. $\frac{5}{6}\pi + n \cdot 2\pi$ mit $n \in \mathbb{Z}$.
($\sin(x) \approx 0{,}799$ für $x = 0{,}925$ und für $x = 2{,}217 \approx \pi - 0{,}925$. Weitere Winkel sind $0{,}925 + n \cdot 2\pi$ bzw. $2{,}217 + n \cdot 2\pi$ mit $n \in \mathbb{Z}$.)
b) $\cos(x) = -0{,}707$ für $x \approx 2{,}356 \approx \frac{3}{4}\pi$ und wegen $\cos(x) = \cos(2\pi - x)$ für $x \approx 3{,}927 \approx \frac{5}{4}\pi$. Weitere Winkel sind $2{,}356 + n \cdot 2\pi$ bzw. $3{,}927 + n \cdot 2\pi$ mit $n \in \mathbb{Z}$.
($\cos(x) = 0{,}848$ für $x \approx 0{,}559$ und für $x \approx 5{,}724 \approx 2\pi - 0{,}559$. Weitere Winkel sind $0{,}559 + n \cdot 2\pi$ bzw. $5{,}724 + n \cdot 2\pi$ mit $n \in \mathbb{Z}$.)
c) $|\tan(x)| = 1$ für $x = \frac{\pi}{4}; \frac{\pi}{4} + \pi; \frac{\pi}{4} - \pi; \frac{\pi}{4} - 2\pi; -\frac{\pi}{4}; -\frac{\pi}{4} + \pi; -\frac{\pi}{4} + 2\pi; -\frac{\pi}{4} - \pi$.
($|\tan(x)| = 5$ für $x \approx 1{,}373; 1{,}373 + \pi \approx 4{,}515; 1{,}373 - \pi \approx -1{,}769;$
$1{,}373 - 2\pi \approx -4{,}910; -1{,}373; -1{,}373 + \pi \approx 1{,}769; -1{,}373 + 2\pi \approx 4{,}910;$
$-1{,}373 - \pi \approx -4{,}515.)$

7 $\sin x = \sin(\pi - x)$; $\sin x = \sin(x \pm 2\pi)$.
$\cos x = \cos(2\pi - x)$; $\cos x = \cos(x \pm 2\pi)$.
$\tan x = \tan(x + n \cdot \pi)$; $n \in \mathbb{Z}$.

a) 0,3490; 2,7926; −5,9342; −3,4901
b) 0,9251; 2,2164; −5,3580; −4,0667
c) 1,4836; 1,658; −4,8; −1,4836
d) −0,5236; 3,6652; 5,7596; −2,618
e) −0,1921; 3,3337; 6,0911; −2,9495
f) 1,0995; 5,1837; −5,1837; −1,0995
g) 0,3143; 5,9689; −5,9689; −0,3143
h) 2,3212; 3,962; −3,962; −2,3212
i) 2,6179; 3,6653; −3,6653; −2,6179
j) 1,7628; 4,5204; −4,5204; −1,7628
k) 1,0472; 4,1888; −2,0944; −5,236
l) −1,2391; 1,9025; 5,0441; −4,3807
m) 0,5411; 3,6827; −2,6005; −5,7421
n) $-\frac{\pi}{4}$; $-\frac{\pi}{4} + \pi$; $-\frac{\pi}{4} + 2\pi$; $-\frac{\pi}{4} - \pi$
o) unlösbar

8 a) $f_1(x) = \sin(x)$; $f_2(x) = \cos(x)$; $f(x) = \sin(x) + \cos(x)$

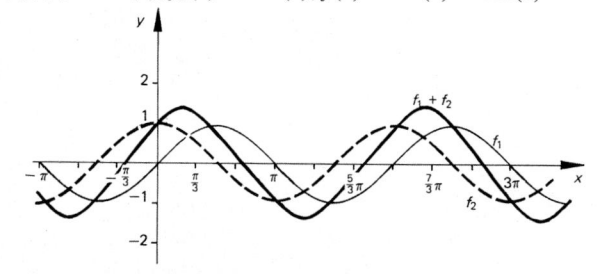

$f_1'(\pi) = -1$;
$f_2'(\pi) = 0$;
$(f_1 + f_2)'(\pi) = -1$.

b) $f_1(x) = 2\sin(x)$; $f_2(x) = \sin(x + \frac{\pi}{3})$; $f(x) = 2\sin(x) + \sin(x + \frac{\pi}{3})$

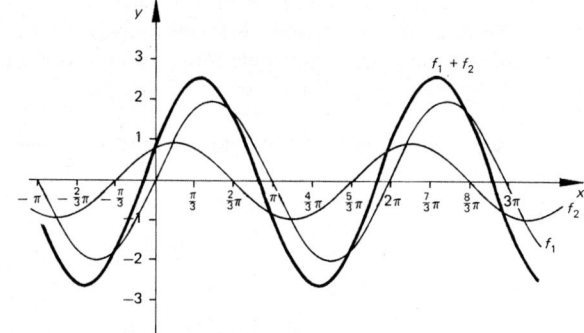

$f_1'(\pi) = -2$;
$f_2'(\pi) = -0,5$;
$(f_1 + f_2)'(\pi) = -2,5$.

c) $f_1(x) = 1$; $f_2(x) = \cos(2x)$; $f(x) = 1 + \cos(2x)$

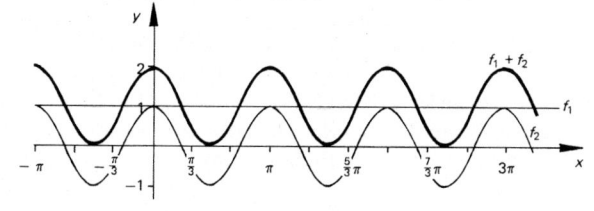

$f_1'(\pi) = 0$;
$f_2'(\pi) = 0$;
$(f_1 + f_2)'(\pi) = 0$.

d) $f_1(x) = \cos(x - \frac{\pi}{6}); f_2(x) = \sin^2(2x); f(x) = \cos(x - \frac{\pi}{6}) + \sin^2(2x)$

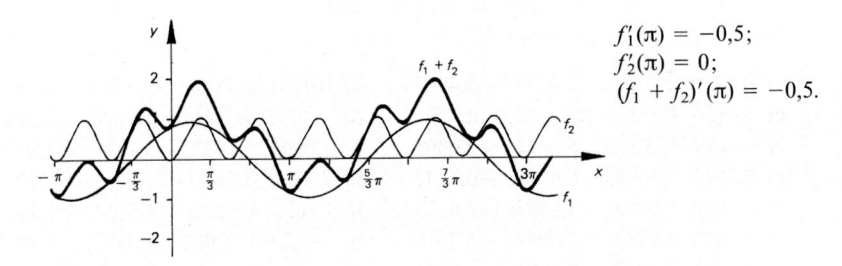

$f_1'(\pi) = -0,5;$
$f_2'(\pi) = 0;$
$(f_1 + f_2)'(\pi) = -0,5.$

e) $f_1(x) = 0,5x; f_2(x) = 0,5 \cdot \sin(2x); f(x) = 0,5x + 0,5 \cdot \sin(2x)$

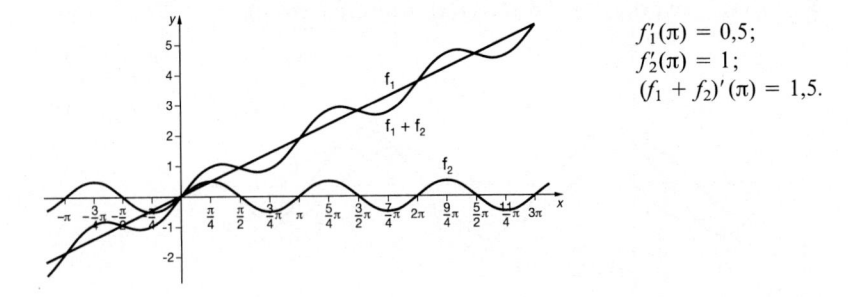

$f_1'(\pi) = 0,5;$
$f_2'(\pi) = 1;$
$(f_1 + f_2)'(\pi) = 1,5.$

9 In eine Kopie der Buchseite sollten ein geeignetes Koordinatensystem eingezeichnet und dann die notwendigen Werte abgemessen werden. Sinnvollerweise verwendet man die Symmetrie der Kurve und legt die y-Achse durch die Mitte des kleinen Bogens und die x-Achse durch die Endpunkte der großen Bogen (1 LE $\hat{=}$ 1 cm).
Die Funktionsvorschrift ist abschnittsweise zu definieren.
Dann wird für den großen Bogen ein geeigneter Funktionstyp gesucht. Am geeignetsten erscheinen Halbkreis oder trigonometrische, evtl. auch ganzrationale Funktionen.
Dieselben Überlegungen sind für den kleinen Bogen durchzuführen.
Entscheidet man sich für einen Halbkreis, ist ausgehend vom Kreis mit dem Mittelpunkt O durch Verschieben die Vorschrift $y = \sqrt{r^2 - (x - x_M)^2} + y_M$ zu erarbeiten.

große Bogen | kleiner Bogen

$M_{1/2}(\pm 3/0); r = 2,4$ | $M(0/2,4); r = 0,5$
Streckfaktor parallel zur y-Achse: $k = 1,13$ | $k = 0,8$

Funktionsvorschrift $y = \begin{cases} 1,13 \cdot \sqrt{2,4^2 - (x + 3)^2} & \text{für } -5,4 \leq x \leq -0,6 \\ 0,8 \cdot \sqrt{0,5^2 - x^2} + 2,4 & \text{für } -0,5 \leq x \leq 0,5 \\ 1,13 \cdot \sqrt{2,4^2 - (x - 3)^2} & \text{für } 0,6 \leq x \leq 5,4 \end{cases}$

Unzählige Aufgaben dieses Typs finden sich im täglichen Umfeld. Man könnte Schüler mit einer Kamera losschicken. Verwendet man eine Digitalkamera, müsste es möglich sein, die Kurve in die Fotografie zu übertragen (Referat, Projekt).

10
a) $L = \{0{,}775;\ 2{,}366\}$
b) $L = \{-1{,}772;\ 1{,}772;\ 4{,}511\}$
c) $L = \{-1{,}621;\ 1{,}521;\ 4{,}662\}$
d) $L = \{-2{,}356;\ 0{,}785;\ 3{,}927\}$
e) $L = \{-\pi;\ -\frac{\pi}{2};\ 0;\ \frac{\pi}{2};\ \pi;\ \frac{3}{2}\pi;\ 2\pi\}$
f) $L = \{-2{,}034;\ -1{,}107;\ 1{,}107;\ 2{,}034;\ 4{,}248;\ 5{,}176\}$
g) $L = \{-2{,}940;\ -0{,}201;\ 3{,}343;\ 6{,}082\}$
i) $L = \{-2{,}618;\ -0{,}524;\ 0{,}524;\ 2{,}618;\ 3{,}665;\ 5{,}760\}$
h) $L = \{0{,}775;\ 2{,}366\}$
j) $L = \{-1{,}369;\ 1{,}369;\ 4{,}914\}$
k) $L = \{-2{,}802;\ -0{,}340;\ 0{,}524;\ 2{,}618;\ 3{,}481;\ 5{,}943\}$
l) $L = \{0{,}524;\ 2{,}618\}$
m) $L = \{-\pi;\ 0;\ \frac{1}{6}\pi;\ \frac{5}{6}\pi;\ \pi;\ 2\pi\}$
n) $L = \{-\pi;\ 0;\ \pi;\ 2\pi\}$

11 Steigungen:

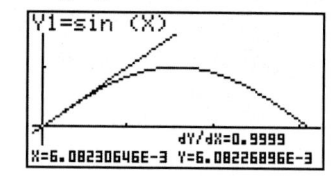

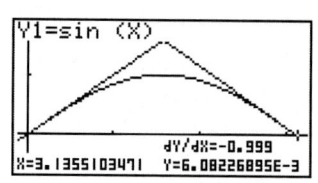

```
Y1=sin (X)                          Y1=sin (X)


         dY/dX=0.9999                        dY/dX=-0.999
X=6.08230646E-3  Y=6.08226896E-3  X=3.1355103471  Y=6.08226895E-3
```

Fläche: $A = \frac{1}{2} \cdot g \cdot h = \frac{1}{2} \cdot \pi \cdot \frac{\pi}{2} = \frac{1}{4}\pi^2 \approx 2{,}47$

8.5 Additionstheoreme

1 a) $\sin(\alpha - \beta) = \sin(\alpha + (-\beta)) = \sin(\alpha) \cdot \cos(-\beta) + \cos(\alpha) \cdot \sin(-\beta)$
$= \sin(\alpha) \cdot \cos(\beta) + \cos(\alpha) \cdot (-\sin(\beta)) = \sin(\alpha) \cdot \cos(\beta) - \cos(\alpha) \cdot \sin(\beta)$
$\cos(\alpha - \beta) = \cos(\alpha + (-\beta)) = \cos(\alpha) \cdot \cos(-\beta) - \sin(\alpha) \cdot \sin(-\beta)$
$= \cos(\alpha) \cdot \cos(\beta) - \sin(\alpha) \cdot (-\sin(\beta)) = \cos(\alpha) \cdot \cos(\beta) + \sin(\alpha) \cdot \sin(\beta)$

b) $\tan(\alpha + \beta) = \dfrac{\sin(\alpha + \beta)}{\cos(\alpha + \beta)} = \dfrac{\sin(\alpha) \cdot \cos(\beta) + \cos(\alpha) \cdot \sin(\beta)}{\cos(\alpha) \cdot \cos(\beta) - \sin(\alpha) \cdot \sin(\beta)}$

$= \dfrac{\dfrac{\sin(\alpha) \cdot \cos(\beta)}{\cos(\alpha) \cdot \cos(\beta)} + \dfrac{\cos(\alpha) \cdot \sin(\beta)}{\cos(\alpha) \cdot \cos(\beta)}}{\dfrac{\cos(\alpha) \cdot \cos(\beta)}{\cos(\alpha) \cdot \cos(\beta)} - \dfrac{\sin(\alpha) \cdot \sin(\beta)}{\cos(\alpha) \cdot \cos(\beta)}}$

$= \dfrac{\dfrac{\sin(\alpha)}{\cos(\alpha)} + \dfrac{\sin(\beta)}{\cos(\beta)}}{1 - \dfrac{\sin(\alpha)}{\cos(\alpha)} \cdot \dfrac{\sin(\alpha)}{\cos(\alpha)}} = \dfrac{\tan(\alpha) + \tan(\beta)}{1 - \tan(\alpha) \cdot \tan(\beta)}$

Entsprechend für $\tan(\alpha - \beta)$.

c) $\sin(2\alpha) = \sin(\alpha + \alpha) = \sin(\alpha) \cdot \cos(\alpha) + \sin(\alpha) \cdot \cos(\alpha) = 2\sin(\alpha) \cdot \cos(\alpha)$
$\cos(2\alpha) = \cos(\alpha + \alpha) = \cos(\alpha) \cdot \cos(\alpha) - \sin(\alpha) \cdot \sin(\alpha) = \cos^2(\alpha) - \sin^2(\alpha)$

8.6 Der Schnittwinkel zweier Geraden

1 a) $-45°$ b) $-71{,}57°$ c) $56{,}31°$ d) $30{,}96°$
    e) $89{,}74°$ f) Die Gerade verläuft parallel zu x-Achse

2 a) $45° - 63{,}43° = -18{,}43°$

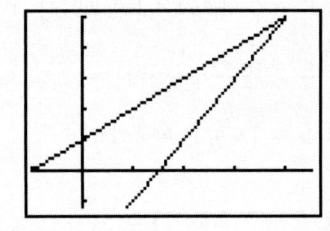

$A = \frac{1}{2} \cdot 5 \cdot 5 - \frac{1}{2} \cdot 1 \cdot 1 - \frac{1}{2} \cdot 2{,}5 \cdot 5 = 8{,}25$

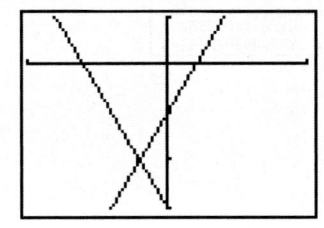

b) $-78{,}69° - 78{,}69° = -157{,}38°$

$A = \frac{1}{2} \cdot 0{,}8 \cdot 2 - \frac{1}{2} \cdot 0{,}2 \cdot 1 = 0{,}7$

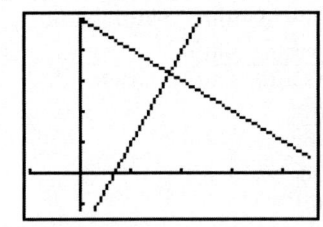

c) $71{,}57° - (-45°) = 116{,}57°$

$A = \frac{1}{2} \cdot 5 \cdot 5 - \frac{1}{2} \cdot \frac{13}{3} \cdot \frac{13}{4} = \frac{131}{24} \approx 5{,}46$

d) $0° - 75{,}96° = -75{,}96°$

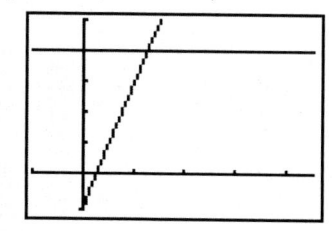

$A = \frac{1}{2} \cdot 5 \cdot \frac{5}{4} - \frac{1}{2} \cdot 1 \cdot \frac{1}{4} = 3$

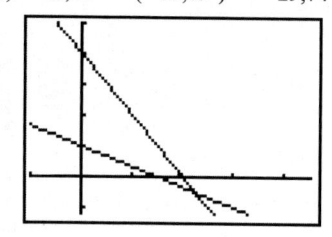

e) $-63{,}43° - (-33{,}69°) = -29{,}74°$

$A = \frac{1}{2} \cdot 2 \cdot 4 - \frac{1}{2} \cdot 1{,}5 \cdot 1 = 3{,}25$

f) $90°$

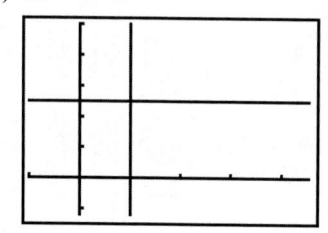

$A = 2{,}5$

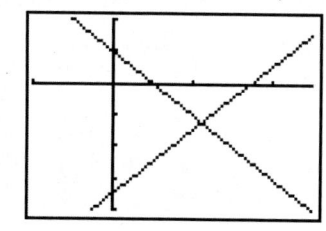

g) $-63{,}43° - 63{,}43° = -126{,}86°$

$A = \frac{1}{2} \cdot \frac{7}{4} \cdot \frac{7}{2} - \frac{1}{2} \cdot \frac{5}{4} \cdot \frac{5}{4} = \frac{73}{32} \approx 2{,}28$

h) $54{,}74° - (-60°) = -114{,}74°$

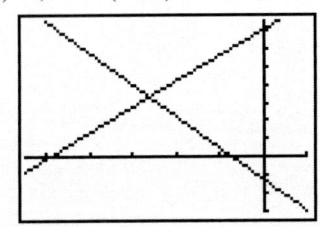

$A \approx \frac{1}{2} \cdot 4{,}95 \cdot 7 - \frac{1}{2} \cdot 4{,}26 \cdot 3{,}31 \approx 10{,}27$

3 senkrecht   parallel

a) $a = -\frac{1}{3}$ $a = 3$

b) $a = -\frac{1}{-1} = 1$ $a = -1$

c) $a = -\frac{1}{-\frac{2}{5}} = -\frac{5}{2}$ $a = -\frac{2}{5}$

d) $a^2 = -\frac{1}{-9} = \frac{1}{9};\ a_{1/2} = \pm\frac{1}{3}$ $a^2 = -9$, nie parallel

e) $a \neq -2: a = -\frac{1}{a+2} \Leftrightarrow a = -1$ $a = a+2 \Leftrightarrow$ Geraden nie parallel

$a = -2: m_2 = -2 \wedge m_1 = 0$

f) $a^2 = -\frac{1}{a}$ $a^2 = a$

$a^3 = -1$ $a \cdot (a-1) = 0$

$a = -1$ $a = 0 \vee a = 1$

4 a) $90° - 45° = 45°$ b) $90° - 33{,}69° = 56{,}31°$
c) $90° - (-26{,}57°) = 116{,}57°$ (bzw. $180° - 116{,}57° = 63{,}43°$)
d) $90°$ e) $90°$ f) $0°$

5 a) $\tan(\alpha) = 0{,}08 \Rightarrow \alpha = 4{,}57°$ b) $6{,}28°$ c) $7{,}97°$

6 a) $y = 0{,}58x + 3$ b) $y = 57{,}3x + 3$ c) $y = -0{,}27x + 3$
(a) $y = 0{,}58x + 2{,}42$ b) $y = 57{,}3x - 54{,}3$ c) $y = -0{,}27x + 3{,}27$

7 a) Schnittwinkel $\gamma \approx -63{,}43° - 75{,}96° = -139{,}39°$
b) $m_3 = -0{,}25 = -\frac{1}{4} = -\frac{1}{m_1} \Rightarrow$ 3. und 1. orthogonal;
$\overline{\gamma} \approx -14{,}04° - (-63{,}43°) = 49{,}39°$

8 a) $y = 0{,}466x - 3$ b) $y = 0{,}137x - 3$ c) $y = 1{,}54x - 3$ d) $y = x - 3$

9 a) $y^2 = 4^2 - (t-4)^2 = -t^2 + 8t$
$y = \sqrt{8t - t^2}$

b) $g_t(x) = \dfrac{\sqrt{8t - t^2}}{t} \cdot x$

$h_t(x) = \dfrac{\sqrt{8t - t^2}}{t - 8} \cdot (x - 8)$

c) $m_g \cdot m_h = \dfrac{8t - t^2}{t^2 - 8t} = -1$
(Satz des Thales!)

d) $A = \frac{1}{2} \cdot 8 \cdot \sqrt{8t - t^2}$
$= 4 \cdot \sqrt{8t - t^2}$

10 a) $f(x) = \frac{8}{625} x^2 - 8$

b) Steigung der Parabel im Punkt (25/0): 0,64
Steigungswinkel: 32,62°
Winkel mit dem Mast: 57,38°

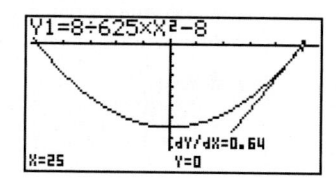

9 Zufall und Wahrscheinlichkeiten (Johannes Schornstein)

9.1 Grundlagen der Wahrscheinlichkeitsrechnung

9.1.1 Deterministisches und stochastisches Experiment

1 a) Die Augensumme 2 erhält man nur, wenn beide Würfel 1 zeigen (eine Möglichkeit), die Augensumme 3 kann man auf zwei Arten erhalten: Erster Würfel 1 und zweiter Würfel 2 oder umgekehrt.

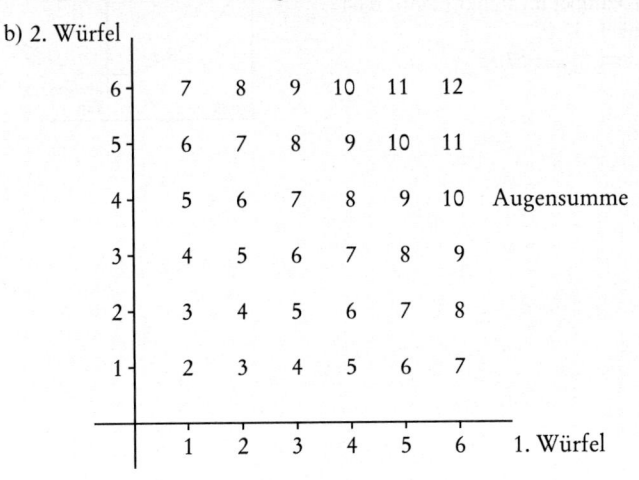

b)
```
2. Würfel
   6 |  7   8   9  10  11  12
   5 |  6   7   8   9  10  11
   4 |  5   6   7   8   9  10    Augensumme
   3 |  4   5   6   7   8   9
   2 |  3   4   5   6   7   8
   1 |  2   3   4   5   6   7
     +------------------------
        1   2   3   4   5   6    1. Würfel
```

Die Augensumme 7 müsste am häufigsten vorkommen.

c) Genauso.

d) $h \approx \dfrac{6}{36} = \dfrac{1}{6} \approx 0{,}167$

e) $h \approx \dfrac{11}{36} \approx 0{,}306$

2

Treffer	0	1	2	3	4	5	6
Rel. Häufigkeit	0,007	0,044	0,124	0,208	0,232	0,197	0,117

Treffer	7	8	9	10	11	12
Rel. Häufigkeit	0,051	0,015	0,004	0,0005	0,0002	0

3 Experimentelle Aufgabe ohne Lösung.

9.1.2 Von der relativen Häufigkeit zur Wahrscheinlichkeit

1 a) Experimentelle Aufgabe ohne Lösung.

b) $\dfrac{N_\bigcirc}{N_\square} = \dfrac{\frac{1}{4}\pi \cdot r^2}{r^2} = \dfrac{1}{4}\pi$

2 $x^2 + px + q = 0$

$$x_{1/2} = -\dfrac{p}{2} \pm \sqrt{\left(\dfrac{p}{2}\right)^2 - q}$$

a) Die quadratische Gleichung ist lösbar für

$$\left(\dfrac{p}{2}\right)^2 - q \geq 0$$

$$q \leq \dfrac{1}{4}p^2$$

b) Sind p und q Zahlen zwischen 0 und 1, dann lässt sich die Wahrscheinlichkeit, dass die Gleichung lösbar ist, als das Verhältnis $\dfrac{A}{Q}$ zweier Flächen A und Q darstellen.

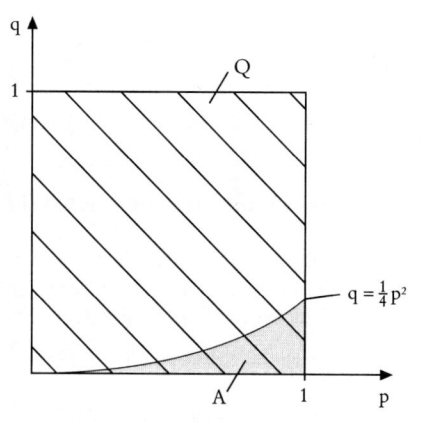

Q: Fläche des Quadrates mit der Seitenlänge 1, also Q = 1. Jeder Punkt des Quadrates entspricht einer zulässigen Wahl von p und q.
A: Fläche unter der Parabel. Jeder Punkt dieser Fläche entspricht einer zulässigen Wahl von p und q, für die die quadratische Gleichung lösbar ist ($q \leq \frac{1}{4}p^2$).

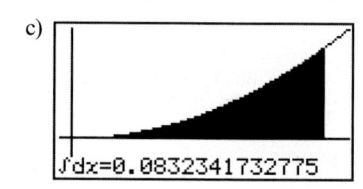

c)

Gesuchte Wahrscheinlichkeit: $\dfrac{A}{Q} = \dfrac{\frac{1}{12}}{1} = \dfrac{1}{12} \approx 0{,}083$.

3 Experimentelle Aufgabe ohne Lösung.

4 a) und b) sind experimentelle Aufgaben ohne Lösung.
   c) Die beiden äußersten Schächte enthalten zu viele Kugeln.

5 a) Experimentelle Aufgabe ohne Lösung.
   b) Relative Häufigkeit für erste 6 gewürfelt im

   1. Wurf: $\dfrac{1}{6}$

   2. Wurf: $\dfrac{5}{6} \cdot \dfrac{1}{6}$

   3. Wurf: $\left(\dfrac{5}{6}\right)^2 \cdot \dfrac{1}{6}$

   4. Wurf: $\left(\dfrac{5}{6}\right)^3 \cdot \dfrac{1}{6}$

   5. Wurf: $\left(\dfrac{5}{6}\right)^4 \cdot \dfrac{1}{6}$

   6. Wurf: $\left(\dfrac{5}{6}\right)^5 \cdot \dfrac{1}{6}$

6 Experimentelle Aufgabe ohne Lösung.

7 Experimentelle Aufgabe ohne Lösung.

9.1.3 Was ist Wahrscheinlichkeit?

1 Anzahl der möglichen Fälle: n
Anzahl der für A günstigen Fälle: a
Anzahl der für B günstigen Fälle: b

Wahrscheinlichkeit von S: $P(S) = \dfrac{n}{n} = 1$

Wahrscheinlichkeit von A: $P(A) = \dfrac{a}{n} \geq 0$, da $a \geq 0$ und $n > 0$

Wahrscheinlichkeit von $A \cup B$:
wird $A \cap B = \{\}$ vorausgesetzt, sind für $A \cup B$ insgesamt $a + b$ Fälle günstig.

$P(A \cup B) = \dfrac{a+b}{n} = \dfrac{a}{n} + \dfrac{b}{n} = P(A) + P(B)$

2 Anzahl wie bei **1**.
   a) Anzahl der für $\overline{A}$ günstigen Fälle: $n - a$

   $P(\overline{A}) = \dfrac{n-a}{n} = 1 - \dfrac{a}{n} = 1 - P(A)$

   b) Anzahl der für $A \cap B$ günstigen Fälle: c.
   Dann sind für $A \cup B$ genau $a + b - c$ Fälle günstig:

   $P(A \cup B) = \dfrac{a+b-c}{n} = P(A) + P(B) - P(A \cap B)$

   c) Die gesamte Fläche von $A \cup B$ ist gleich der Fläche von A plus der Fläche von B minus der Fläche von $A \cap B$.

Lehrbuch Seiten 268, 269, 272

3 A: erster Jäger trifft
B: zweiter Jäger trifft
a) $\quad P(A \cup B) = P(A) + P(B) - P(A \cap B)$
$\qquad = 0{,}6 + 0{,}4 - 0{,}6 \cdot 0{,}4 = 0{,}76$
P(Hase überlebt) = $1 - P(A \cup B) = 0{,}24$

B trifft mit 40%iger Wahrscheinlichkeit. Schießt er genauso oft wie Hasen da sind, trifft er 40% aller Hasen. A trifft entsprechend 60% aller Hasen. Da die Jäger sie nicht beeinflussen, trifft B 40% der von A getroffenen 60% und umgekehrt. Deshalb ist $P(A \cap B) = 0{,}6 \cdot 0{,}4$

b) $P(\overline{A} \cup \overline{B}) = 0{,}4 \cdot 0{,}6 = 0{,}24$

4 $P(A \cup B \cup C) = P(A \cup B) + P(C) - P((A \cup B) \cap C)$
$\qquad = P(A) + P(B) - P(A \cap B) + P(C) - P((A \cap C) \cup (B \cap C))$
$\qquad = P(A) + P(B) + P(C) - P(A \cap B)$
$\qquad \quad - [P(A \cap C) + P(B \cap C) - P(A \cap B \cap C)]$
$\qquad = P(A) + P(B) + P(C) - [P(A \cap B) + P(A \cap C) + P(B \cap C)]$
$\qquad \quad + P(A \cap B \cap C)$

5 A: Würfle gerade Zahl
B: Würfle Zahl größer 3
C: Würfle Primzahl
$A \cup B \cup C$: alle Zahlen außer 1

6 a) $p_1 = \dfrac{3}{6} \cdot \dfrac{2}{6} \cdot \dfrac{1}{6} = 6 \cdot \left(\dfrac{1}{6}\right)^3$

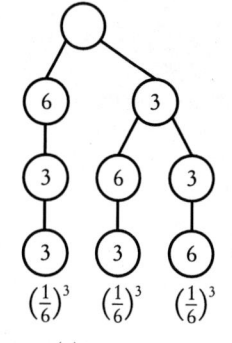

b) $11 = 1 + 4 + 6$
$\qquad = 1 + 5 + 5$
$\qquad = 2 + 4 + 5$
$\qquad = 2 + 3 + 6$
$\qquad = 3 + 3 + 5$
$\qquad = 3 + 4 + 4$

$12 = 1 + 5 + 6$
$\qquad = 2 + 4 + 6$
$\qquad = 2 + 5 + 5$
$\qquad = 3 + 4 + 5$
$\qquad = 3 + 3 + 6$
$\qquad = 4 + 4 + 4$

$P_{11} = \dfrac{1}{36} + \dfrac{1}{72} + \dfrac{1}{36} + \dfrac{1}{36} + \dfrac{1}{36} + \dfrac{1}{72} + \dfrac{1}{72} = \dfrac{1}{8} = 0{,}125$

$P_{12} = \dfrac{1}{36} + \dfrac{1}{36} + \dfrac{1}{72} + \dfrac{1}{36} + \dfrac{1}{72} + \dfrac{1}{216} = \dfrac{25}{216} \approx 0{,}116$

$p = 3 \cdot \left(\dfrac{1}{6}\right)^3$

Die Aufgaben **7** und **8** sind Experimente, daher keine Lösung.

9.2 Rechnen mit Wahrscheinlichkeiten

1 a) **Mit Zurücklegen**

$\bullet \xrightarrow{\frac{3}{6}} s \xrightarrow{\frac{2}{6}} w \xrightarrow{\frac{1}{6}} r$
$\qquad\qquad p = \dfrac{3}{6} \cdot \dfrac{2}{6} \cdot \dfrac{1}{6} = \dfrac{1}{36}$

Ohne Zurücklegen

$\bullet \xrightarrow{\frac{1}{2}} s \xrightarrow{\frac{2}{5}} w \xrightarrow{\frac{1}{4}} r$ $p = \frac{1}{2} \cdot \frac{2}{5} \cdot \frac{1}{4} = \frac{1}{20}$

b) Reduzierter Baum (nur günstige Pfade)

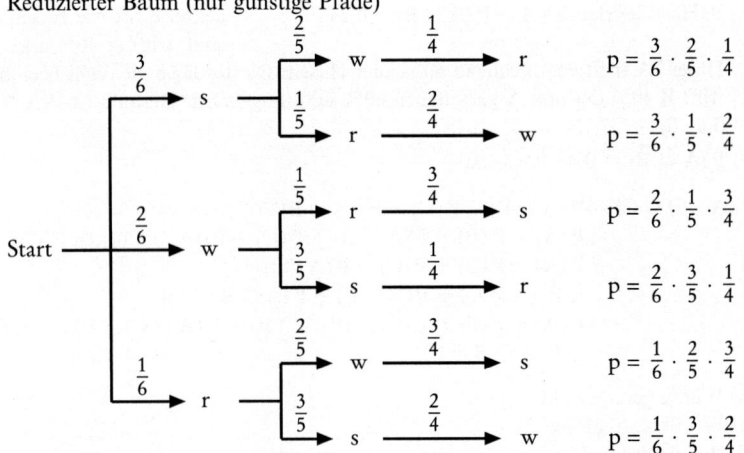

Start
- $\xrightarrow{\frac{3}{6}}$ s
  - $\xrightarrow{\frac{2}{5}}$ w $\xrightarrow{\frac{1}{4}}$ r $p = \frac{3}{6} \cdot \frac{2}{5} \cdot \frac{1}{4}$
  - $\xrightarrow{\frac{1}{5}}$ r $\xrightarrow{\frac{2}{4}}$ w $p = \frac{3}{6} \cdot \frac{1}{5} \cdot \frac{2}{4}$
- $\xrightarrow{\frac{2}{6}}$ w
  - $\xrightarrow{\frac{1}{5}}$ r $\xrightarrow{\frac{3}{4}}$ s $p = \frac{2}{6} \cdot \frac{1}{5} \cdot \frac{3}{4}$
  - $\xrightarrow{\frac{3}{5}}$ s $\xrightarrow{\frac{1}{4}}$ r $p = \frac{2}{6} \cdot \frac{3}{5} \cdot \frac{1}{4}$
- $\xrightarrow{\frac{1}{6}}$ r
  - $\xrightarrow{\frac{2}{5}}$ w $\xrightarrow{\frac{3}{4}}$ s $p = \frac{1}{6} \cdot \frac{2}{5} \cdot \frac{3}{4}$
  - $\xrightarrow{\frac{3}{5}}$ s $\xrightarrow{\frac{2}{4}}$ w $p = \frac{1}{6} \cdot \frac{3}{5} \cdot \frac{2}{4}$

Die Pfadwahrscheinlichkeit ist immer gleich, nämlich $\frac{1}{20}$. Bei 6 Pfaden ergibt sich die Wahrscheinlichkeit $\frac{6}{20} = \frac{3}{10}$ für den Griff schwarz, weiß, rot.

c) Überhaupt nicht.

2 De-Méré-Problem

a) Gegenereignis: $\bullet \xrightarrow{\frac{5}{6}}$ keine 6 $\xrightarrow{\frac{5}{6}}$ keine 6 $\xrightarrow{\frac{5}{6}}$ keine 6 $\xrightarrow{\frac{5}{6}}$ keine 6

$P = 1 - \left(\frac{5}{6}\right)^4 \approx 0{,}5177$

b) Gegenereignis:

$\bullet \xrightarrow{\frac{35}{36}}$ keine 66 $\xrightarrow{\frac{35}{36}}$ keine 66 $\xrightarrow{\frac{35}{36}}$ keine 66 $\xrightarrow{\frac{35}{36}}$ keine 66 ...

$P = 1 - \left(\frac{35}{36}\right)^{24} \approx 0{,}4914$

$P = 1 - \left(\frac{35}{36}\right)^{25} \approx 0{,}5055$

3 Wir geben Werte für eine Schätzung von P(Kopf) = 0,43 an:

Reduzierte Bäume

a) $\bullet \xrightarrow{0{,}43} k \xrightarrow{0{,}57} s \xrightarrow{0{,}43} k$ $p = 0{,}43 \cdot 0{,}57 \cdot 0{,}43 \approx 0{,}105$

b) $\bullet \xrightarrow{0{,}57} s \xrightarrow{0{,}43} k \xrightarrow{0{,}43} k$ $p = 0{,}57 \cdot 0{,}43 \cdot 0{,}43$

$\bullet \xrightarrow{0{,}43} k \xrightarrow{0{,}57} s \xrightarrow{0{,}43} k$ $p = 0{,}43 \cdot 0{,}57 \cdot 0{,}43$

$\bullet \xrightarrow{0{,}43} k \xrightarrow{0{,}43} k \xrightarrow{0{,}57} s$ $p = 0{,}43 \cdot 0{,}43 \cdot 0{,}57$

P („genau einmal Spitze") = $3 \cdot 0{,}43 \cdot 0{,}43 \cdot 0{,}57 \approx 0{,}316$

Lehrbuch Seite 272

c) Ist dasselbe wie „genau einmal Spitze".

d) $\xrightarrow{0,57}$ s $\quad$ $p_1 = 0,57$

$\xrightarrow{0,43}$ k $\xrightarrow{0,57}$ s $\quad$ $p_2 = 0,43 \cdot 0,57$

$\xrightarrow{0,43}$ k $\xrightarrow{0,43}$ k $\xrightarrow{0,57}$ s $\quad$ $p_3 = 0,43 \cdot 0,43 \cdot 0,57$

P („mindestens einmal Spitze") = $p_1 + p_2 + p_3 \approx 0,920$.

e) Gegenereignis zu d): $P \approx 1 - 0,920 \approx 0,080$.

f) Die Summe ist 1. Gegenereignis.

4 a)

Start $\xrightarrow{\frac{1}{3}}$ U_1 $\xrightarrow{\frac{1}{6}}$ α $\quad p_1 = \frac{1}{3} \cdot \frac{1}{6} = \frac{1}{18}$

$\xrightarrow{\frac{1}{3}}$ U_2 $\xrightarrow{\frac{2}{6}}$ α $\quad p_2 = \frac{1}{3} \cdot \frac{2}{6} = \frac{2}{18}$

$\xrightarrow{\frac{1}{3}}$ U_3 $\xrightarrow{\frac{3}{6}}$ α $\quad p_3 = \frac{1}{3} \cdot \frac{3}{6} = \frac{3}{18}$

Wahrscheinlichkeit: $p_1 + p_2 + p_3 = \frac{1}{3}$

b) Weil die Wahrscheinlichkeit, dass ein bestimmtes Kärtchen gezogen wird, für jedes Kärtchen $\frac{1}{18}$ ist, denn in jeder Urne sind gleich viele Kärtchen.

c) Nicht, wenn in jeder Urne sechs Kärtchen bleiben. Ordnet man aber so um:

α	α	α α β β β β β β α α β β β β β β

so ist die Gewinnchance größer:

Start $\xrightarrow{\frac{1}{3}}$ U_1 $\quad p_1 = \frac{1}{3}$

$\xrightarrow{\frac{1}{3}}$ U_2 $\quad p_2 = \frac{1}{3}$

$\xrightarrow{\frac{1}{3}}$ U_3 $\xrightarrow{\frac{4}{16}}$ α $\quad p_3 = \frac{1}{3} \cdot \frac{4}{18}$

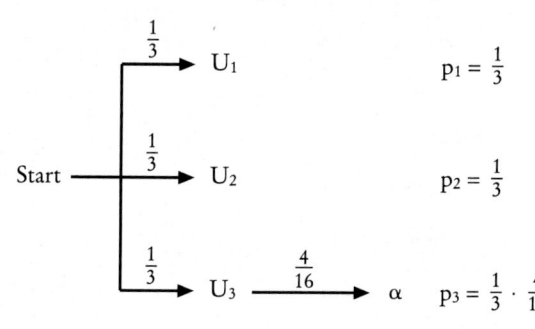

Wahrscheinlichkeit: $p_1 + p_2 + p_3 = \frac{3}{4}$

5 Mit Zurücklegen
U_1
$\bullet \xrightarrow{\frac{1}{3}} s \xrightarrow{\frac{1}{3}} w \xrightarrow{\frac{1}{3}} r$

U_2
$\bullet \xrightarrow{\frac{2}{6}} s \xrightarrow{\frac{2}{6}} w \xrightarrow{\frac{2}{6}} r$

$p_1 = \left(\frac{1}{3}\right)^3 = \frac{1}{27}$

$p_2 = \left(\frac{2}{6}\right)^3 = \frac{1}{27}$

$p_1 = p_2$

Ohne Zurücklegen
U_1
$\bullet \xrightarrow{\frac{1}{3}} s \xrightarrow{\frac{1}{2}} w \xrightarrow{1} r$

U_2
$\bullet \xrightarrow{\frac{2}{6}} s \xrightarrow{\frac{2}{5}} w \xrightarrow{\frac{2}{4}} r$

$p_1 = \frac{1}{3} \cdot \frac{1}{2} \cdot \frac{1}{1} = \frac{1}{6}$

$p_2 = \frac{2}{6} \cdot \frac{2}{5} \cdot \frac{2}{4} = \frac{1}{15}$

$p_1 > p_2$

6 a) Keine:

$\bullet \xrightarrow{\frac{9}{15}} g \xrightarrow{\frac{8}{14}} g \xrightarrow{\frac{7}{13}} g \xrightarrow{\frac{6}{12}} g \xrightarrow{\frac{5}{11}} g$

$p = \frac{9}{15} \cdot \frac{8}{14} \cdot \frac{7}{13} \cdot \frac{6}{12} \cdot \frac{5}{11} = \frac{6}{143} \approx 0{,}042$

Eine:

$\bullet \xrightarrow{\frac{6}{15}} d \xrightarrow{\frac{9}{14}} g \xrightarrow{\frac{8}{13}} g \xrightarrow{\frac{7}{12}} g \xrightarrow{\frac{6}{11}} g$

$\bullet \xrightarrow{\frac{9}{15}} g \xrightarrow{\frac{6}{14}} d \xrightarrow{\frac{8}{13}} g \xrightarrow{\frac{7}{12}} g \xrightarrow{\frac{6}{11}} g$

$\bullet \xrightarrow{\frac{9}{15}} g \xrightarrow{\frac{8}{14}} g \xrightarrow{\frac{6}{13}} d \xrightarrow{\frac{7}{12}} g \xrightarrow{\frac{6}{11}} g$

Wir merken: Im Zähler kommen **immer** die Zahlen $6 \cdot 9 \cdot 8 \cdot 7 \cdot 6$ (nur in verschiedener Reihenfolge), im Nenner immer $15 \cdot 14 \cdot 13 \cdot 12 \cdot 11$ vor. Die Pfadwahrscheinlichkeit ist immer $\frac{6 \cdot 9 \cdot 8 \cdot 7 \cdot 6}{15 \cdot 14 \cdot 13 \cdot 12 \cdot 11}$. Da es 5 Pfade (defekte Birne an erster, zweiter, ..., fünfter Stelle) gibt, ist die Wahrscheinlichkeit

$5 \cdot \frac{6 \cdot 9 \cdot 8 \cdot 7 \cdot 6}{15 \cdot 14 \cdot 13 \cdot 12 \cdot 11} = \frac{36}{143} \approx 0{,}252.$

Zwei:

$\bullet \xrightarrow{\frac{6}{15}} d \xrightarrow{\frac{5}{14}} d \xrightarrow{\frac{9}{13}} g \xrightarrow{\frac{8}{12}} g \xrightarrow{\frac{7}{11}} g$

$\bullet \xrightarrow{\frac{6}{15}} d \xrightarrow{\frac{9}{14}} g \xrightarrow{\frac{5}{13}} d \xrightarrow{\frac{8}{12}} g \xrightarrow{\frac{7}{11}} g$

Hier ist jede Pfadwahrscheinlichkeit $\frac{6 \cdot 5 \cdot 9 \cdot 8 \cdot 7}{15 \cdot 14 \cdot 13 \cdot 12 \cdot 11} = \frac{6}{143}.$

Da es $\binom{5}{2}$ solcher Pfade gibt – d sucht aus fünf Stellen zwei aus –, ergibt sich als

Wahrscheinlichkeit $\binom{5}{2} \cdot \frac{6}{143} = \frac{60}{143} \approx 0{,}420.$

Drei:

$$\cdot \xrightarrow{\frac{6}{15}} d \xrightarrow{\frac{5}{14}} d \xrightarrow{\frac{4}{13}} d \xrightarrow{\frac{9}{12}} g \xrightarrow{\frac{8}{11}} g$$

Pfadwahrscheinlichkeit: $\frac{6}{15} \cdot \frac{5}{14} \cdot \frac{4}{13} \cdot \frac{9}{12} \cdot \frac{8}{11} = \frac{24}{1001}$.

$\binom{5}{3}$ Pfade, also Wahrscheinlichkeit: $\binom{5}{3} \cdot \frac{24}{1001} = \frac{240}{1001} \approx 0{,}240$.

Vier:

$$\cdot \xrightarrow{\frac{6}{15}} d \xrightarrow{\frac{5}{14}} d \xrightarrow{\frac{4}{13}} d \xrightarrow{\frac{9}{11}} g$$

Pfadwahrscheinlichkeit: $\frac{6}{15} \cdot \frac{5}{14} \cdot \frac{4}{13} \cdot \frac{3}{12} \cdot \frac{9}{11} = \frac{9}{1001}$.

$\binom{5}{4}$ Pfade, also Wahrscheinlichkeit: $\binom{5}{4} \cdot \frac{9}{1001} = \frac{45}{1001} \approx 0{,}045$.

Fünf:

$$\cdot \xrightarrow{\frac{6}{15}} d \xrightarrow{\frac{5}{14}} d \xrightarrow{\frac{4}{13}} d \xrightarrow{\frac{3}{12}} d \xrightarrow{\frac{2}{11}} d$$

$p = \frac{6}{15} \cdot \frac{5}{14} \cdot \frac{4}{13} \cdot \frac{3}{12} \cdot \frac{2}{11} = \frac{2}{1001} \approx 0{,}002$

b) Nur **ein** Beispiel: 2 defekte Birnen; 150 Birnen, 60 defekt

$$\cdot \xrightarrow{\frac{60}{150}} d \xrightarrow{\frac{59}{149}} d \xrightarrow{\frac{90}{148}} g \xrightarrow{\frac{89}{147}} g \xrightarrow{\frac{88}{146}} g$$

Pfadwahrscheinlichkeit: $\frac{60}{150} \cdot \frac{59}{149} \cdot \frac{90}{148} \cdot \frac{89}{147} \cdot \frac{88}{146} \approx \left(\frac{60}{150}\right)^2 \cdot \left(\frac{90}{150}\right)^3 \approx 0{,}0346$

c) Als Näherung bietet sich das Ziehen mit Zurücklegen an. Binomialverteilung
P (genau n defekte Birnen) $= \binom{5}{n} \cdot \left(\frac{6}{15}\right)^n \cdot \left(\frac{9}{15}\right)^{5-n}$

7 keine:

$$\cdot \xrightarrow{\frac{4}{6}} \text{schwarz} \xrightarrow{\frac{4}{6}} \text{schwarz} \xrightarrow{\frac{4}{6}} \text{schwarz} \qquad p = \left(\frac{4}{6}\right)^3 \approx 0{,}2963$$

eine:

$$\cdot \xrightarrow{\frac{2}{6}} \text{weiß} \xrightarrow{\frac{4}{6}} \text{schwarz} \xrightarrow{\frac{4}{6}} \text{schwarz} \qquad p = \left(\frac{2}{6}\right) \cdot \left(\frac{4}{6}\right)^2$$

$$\cdot \xrightarrow{\frac{4}{6}} \text{schwarz} \xrightarrow{\frac{2}{6}} \text{weiß} \xrightarrow{\frac{4}{6}} \text{schwarz} \qquad p = \left(\frac{2}{6}\right) \cdot \left(\frac{4}{6}\right)^2$$

$$\cdot \xrightarrow{\frac{4}{6}} \text{schwarz} \xrightarrow{\frac{4}{6}} \text{schwarz} \xrightarrow{\frac{2}{6}} \text{weiß} \qquad p = \left(\frac{2}{6}\right) \cdot \left(\frac{4}{6}\right)^2$$

also p(eine) = $3 \cdot \left(\frac{2}{6}\right) \cdot \left(\frac{4}{6}\right)^2 \approx 0{,}4444$

zwei: Vertauschen Sie bei „eine" schwarz mit weiß, so erhalten Sie

$p = 3 \cdot \left(\frac{4}{6}\right) \cdot \left(\frac{2}{6}\right)^2 \approx 0{,}2222$

drei: Vertauschen Sie bei „keine" schwarz mit weiß, so erhalten Sie

$p = \left(\frac{2}{6}\right)^3 \approx 0{,}0370$

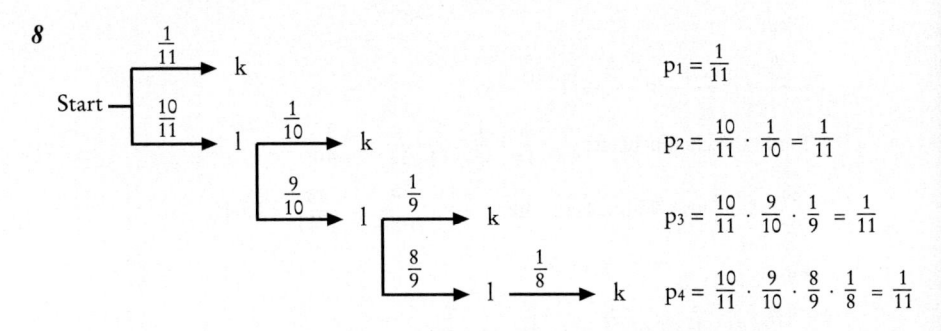

8

$p_1 = \frac{1}{11}$

$p_2 = \frac{10}{11} \cdot \frac{1}{10} = \frac{1}{11}$

$p_3 = \frac{10}{11} \cdot \frac{9}{10} \cdot \frac{1}{9} = \frac{1}{11}$

$p_4 = \frac{10}{11} \cdot \frac{9}{10} \cdot \frac{8}{9} \cdot \frac{1}{8} = \frac{1}{11}$

Wir sehen: Die Wahrscheinlichkeit p_i, im i-ten Zug das kurze Streichholz zu ziehen, ist unabhängig von i immer gleich $\frac{1}{11}$.

9 a) Jeder kann an 365 Tagen Geburtstag haben. Bei 10 Personen sind das $365^{10} \approx 42 \cdot 10^{24}$ Möglichkeiten.
Haben alle verschiedene Geburtstage, so hat der erste 365, der zweite 364 usw. Tage zur Auswahl. Bei 10 Personen sind das $365 \cdot 364 \cdot \ldots \cdot 356 \approx 37 \cdot 10^{24}$ Möglichkeiten.
Die Wahrscheinlichkeit für eine solche Verteilung beträgt
$p_{10} = \frac{365 \cdot 364 \cdot \ldots \cdot 356}{365^{10}} \approx 0{,}88.$

b) Bei 11 Personen muss die obige Wahrscheinlichkeit mit $\frac{355}{365}$ multipliziert werden, da die elfte Person 365 Möglichkeiten hat, von denen 355 günstig sind.
Allgemein erhält man
$p_{n+1} = p_n \cdot \frac{365 - n}{365}.$
Auf diese Weise erhält man $p_{22} \approx 0{,}524$ und $p_{23} \approx 0{,}493$.
Mit dem GTR lässt diese Wahrscheinlichkeit für jede Personenanzahl ausrechnen, ist sie doch
$\frac{365}{365} \cdot \frac{364}{365} \cdot \frac{363}{365} \cdot \frac{362}{365} \cdot \ldots$
Der i-te Zähler ist $366 - i$, der Nenner immer 365. Der GTR liefert als Ergebnis ca. 0,684992.

10 Vater – Mutter – Vater
Günstig:

$\cdot \xrightarrow{0,3} G \xrightarrow{0,4} G$ $\qquad p_1 = 0,120$

und

$\cdot \xrightarrow{0,7} V \xrightarrow{0,4} G \xrightarrow{0,3} G$ $\qquad \dfrac{p_2 = 0,084}{p = 0,204}$

Mutter – Vater – Mutter
Günstig:

$\cdot \xrightarrow{0,4} G \xrightarrow{0,3} G$ $\qquad p_1 = 0,120$

und

$\cdot \xrightarrow{0,6} V \xrightarrow{0,3} G \xrightarrow{0,4} G$ $\qquad \dfrac{p_2 = 0,072}{p = 0,192}$

Die Reihenfolge Vater – Mutter – Vater ist günstiger.

11 a) Vgl. Aufgabe **9** oben.
Insgesamt gibt es 10^4 Möglichkeiten. Günstig sind $10 \cdot 9 \cdot 8 \cdot 7$.
Die Wahrscheinlichkeit beträgt also $\dfrac{10 \cdot 9 \cdot 8 \cdot 7}{10 \cdot 10 \cdot 10 \cdot 10} = 0,504$.
b) Experimentelle Lösung.

12 Die Wahrscheinlichkeit, dass keine Sechs fällt, darf höchstens 0,2 betragen.
Die Wahrscheinlichkeit, dass keine Sechs fällt, ist bei n Würfeln $\left(\dfrac{5}{6}\right)^n$.
Also muss $\left(\dfrac{5}{6}\right)^n < 0,2$ sein. Die Lösung von $\left(\dfrac{5}{6}\right)^n = 0,2$ ist $n \approx 8,8$. Man muss mit neun Würfeln würfeln.

13 Wie Aufgabe **12**.
Die Wahrscheinlichkeit, dass Diana nicht trifft, darf höchstens 0,1 betragen.
Die Wahrscheinlichkeit, dass Diana n-mal nicht trifft, ist $0,9^n$.
Also muss $0,9^n < 0,1$ sein. Die Lösung von $0,9^n = 0,1$ ist $n \approx 21,85$. Diana muss also mindestens 22-mal schießen dürfen.

14 Wie Aufgabe **9**, allerdings treten hier anstelle der 365 Tage die Möglichkeiten, aus 25 Aufgaben 3 auszuwählen (vgl. nächsten Abschnitt). Ein Schüler hat für die Wahl der ersten Aufgabe 25 Möglichkeiten, für die zweite 24 und für die dritte 23 Möglichkeiten. Da wir die Reihenfolge nicht beachten dürfen und bei jeder Wahl von Aufgaben sechs verschiedene Reihenfolgen möglich sind, sind das also $25 \cdot 24 \cdot 23 : 6 = 2300$ Möglichkeiten.
Die Wahrscheinlichkeit, dass der erste Schüler eine **noch nicht** vorhandene Kombination wählt, ist 1 oder $\dfrac{2300}{2300}$, beim zweiten Schüler sind es $\dfrac{2299}{2300}$ usw. Der GTR berechnet den Wert mit rund 0,8479.
Dei Wahrscheinlichkeit, dass Herr Huber mindestens zwei Schüler ungerechtfertigt bestraft, ist $1 - 0,8479 = 0,1521 = 15,21\%$.

15 Die kleinste Zahl kann an sechs Stellen gezogen werden, die zweitkleinste an fünf usw. Es gibt also $6 \cdot 5 \cdot 4 \cdot 3 \cdot 2 \cdot 1$ verschiedene Reihenfolgen für die Gewinnzahlen. Die Wahrscheinlichkeit beträgt also $\frac{1}{6!} \approx 0{,}0014$.

16 a) Für jede Ziehung gibt es 10 Möglichkeiten. Es gibt $10^7 = 10\,000\,000$ Losnummern, das sind alle Losnummern von 0000000 bis 9999999. Aus diesen 70 Kugeln können aber auf $\binom{70}{7} \cdot 7! \approx 6{,}042 \cdot 10^{12}$ Arten sieben Kugeln entnommen und nebeneinander gelegt werden.

b) Die Wahrscheinlichkeiten für die Ziehungen sind nicht gleich. Ist nämlich einmal eine „5" gezogen, ist die Wahrscheinlichkeit, dass sie wieder gezogen wird, geringer.

2 2 4 3 1 8 7:

$\cdot \xrightarrow{\frac{7}{70}} 2 \xrightarrow{\frac{6}{69}} 2 \xrightarrow{\frac{7}{68}} 4 \xrightarrow{\frac{7}{67}} 3 \xrightarrow{\frac{7}{66}} 1 \xrightarrow{\frac{7}{65}} 8 \xrightarrow{\frac{7}{64}} 7$

$p_1 \approx \dfrac{705\,894}{6{,}042 \cdot 10^{12}} \approx 1{,}17 \cdot 10^{-7}$

5 5 5 5 5 5 5:

$\cdot \xrightarrow{\frac{7}{70}} 5 \xrightarrow{\frac{6}{69}} 5 \xrightarrow{\frac{5}{68}} 5 \xrightarrow{\frac{4}{67}} 5 \xrightarrow{\frac{3}{66}} 5 \xrightarrow{\frac{2}{65}} 5 \xrightarrow{\frac{1}{64}} 5$

$p_2 \approx \dfrac{5040}{6{,}042 \cdot 10^{12}} \approx 8{,}34 \cdot 10^{-10}$

$p_2 : p_1 \approx 1 : 140$

c) Wegen der in b) beschriebenen Unterschiede.

Lehrbuch Seite 277

10 Das unendlich Große in der Mathematik

10.1 Abbildungen

1 a) Die Abbildung ist injektiv, da es zu jedem Urbild höchstens ein Bild gibt, hier dargestellt durch die ungeraden Zahlen. Die geraden Zahlen sind zwar auch im Bildbereich enthalten, stellen aber keine Bilder dar, weshalb die Abbildung nicht surjektiv sein kann. Wenn sie aber nicht surjektiv ist, kann sie auch nicht bijektiv sein.

b) Die Abbildung ordnet jedem Element der Ausgangsmenge ihr Quadrat zu, weshalb wir es mit einer eindeutigen Abbildung zu tun haben. Die Zuordnung ist aber nicht eineindeutig, da es (abgesehen von der Null) zwei Möglichkeiten gibt, zu einem Quadratwert zu gelangen; z. B. ist $(-2)^2 = 4$ und $(+2)^2 = 4$. f ist somit surjektiv, aber nicht injektiv und somit auch nicht bijektiv.

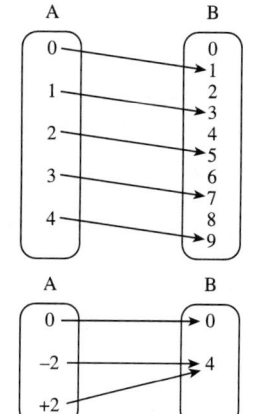

c) Die Abbildung ordnet jedem Element der Ausgangsmenge das gleiche Element der Zielmenge zu: $0 \mapsto 0$, $-1 \mapsto -1$, $\sqrt{3} \mapsto \sqrt{3}$ usw., weshalb man sie auch **identische Abbildung** oder **Identität** nennt. Hierbei handelt es sich um eine bijektive Abbildung.

d) $y = x^2 - 2x + 3$: Surjektive Abbildung, da z. B. $f(-2) = f(4) = 11$.

e) $y = 2x - 1$: Die Abbildung ist injektiv und surjektiv und somit bijektiv.

f) $y = \dfrac{1}{x}$: Die Abbildung ist bijektiv.

10.4 Abzählbarkeit von Mengen

1 a) prim = $\{2; 3; 5; 7; 11; ...\}$
$\mathbb{N}$ = $\{0; 1; 2; 3; 4; ...\}$
$\Rightarrow |\text{prim}| = |\mathbb{N}|$

b) $G = \{0; 2; 4; 6; 8; ...\}$
$\mathbb{N} = \{0; 1; 2; 3; 4; ...\}$
$\Rightarrow |G| = |\mathbb{N}|$

c) $ZP = \{10^0; 10^1; 10^2; 10^3; 10^4; ...\}$
$\mathbb{N} = \{0; 1; 2; 3; 4; ...\}$
$\Rightarrow |ZP| = |\mathbb{N}|$

d) $\mathbb{Z} = \{0; -1; +1; -2; +2; ...\}$
$\mathbb{N} = \{0; 1; 2; 3; 4; ...\}$
$\Rightarrow |\mathbb{Z}| = |\mathbb{N}|$

2 Fügt man die neu konstruierte Zahl z in die Liste ein, so verschieben sich die restlichen Zahlen der Liste nur und eine erneute Anwendung des zweiten Diagonalverfahren würde eine weitere Zahl z' erzeugen, die ebenfalls nicht in der Liste zu finden ist. $\mathbb{R}$ bleibt somit überabzählbar.

Literatur- und Link-Tipps für Referate und Facharbeiten

Peter, Rozsa: Das Spiel mit dem Unendlichen. Harri Deutsch, Frankfurt 1984.
Einstufung: Verständlich und interessant geschrieben, besonders Kapitel 10, 12, 19, 21.

Tietze, Heinrich: Gelöste und ungelöste mathematische Probleme aus alter und neuer Zeit. dtv, München 1982
Einstufung: Verständlich und interessant geschrieben, wichtig: 12. Vorlesung.

SdW, Spezial: Das Unendliche. Stuttgart 2001

SdW, Spezial: Unendlich (plus eins). Stuttgart 2005

Delahaye, Jean-Paul: Unendliche Spiele und große Mengen. SdW 12/1998.

Dawson, John: Kurt Gödel und die Grenzen der Logik. SdW 9/1999.
Geschichtliche Hintergründe, Informationen zu Gödel.

Chaitin, Gregory J.: Grenzen der Berechenbarkeit. SdW 2/2004.

Moore, A. W.: Eine kurze Geschichte des Unendlichen. SdW 6/1995.
Diagonalverfahren und Kontinuumshypothese.

Strowitzki, Bernhard: Neue Erlebnisse aus dem Cantorland. SdW 4 + 5/2000.
Abzählbarkeit und Hilberts Hotel.

Deiser, Oliver: Einführung in die Mengenlehre, Springer, Berlin 2009^3.
Einstufung: Anspruchsvoll.

Cantor, Georg: Gesammelte Abhandlungen mathematischen und philosophischen Inhalts.
Online verfügbar unter http://gdz.sub.uni-goettingen.de/dms/load/toc/?IDDOC=49439

SdW: Spektrum der Wissenschaft

11 Lineare Optimierung

11.1 Grafische Lösung von linearen Optimierungsproblemen

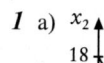

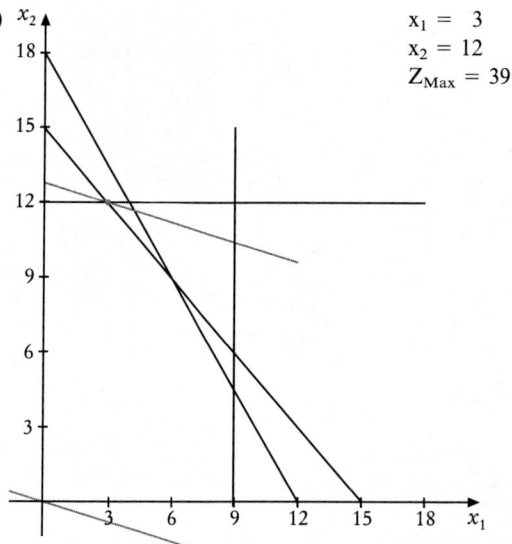

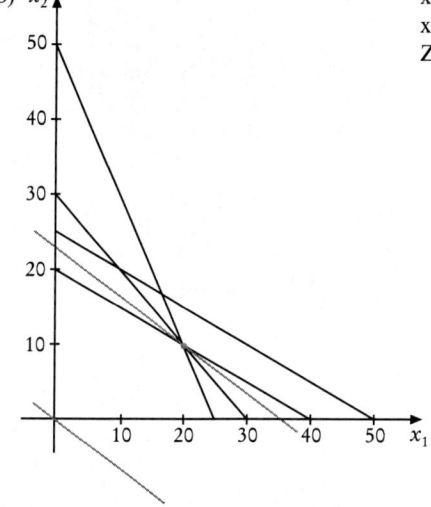

1 a)

$x_1 = 3$
$x_2 = 12$
$Z_{Max} = 39$

b)

$x_1 = 20$
$x_2 = 10$
$Z_{Max} = 700$

c)

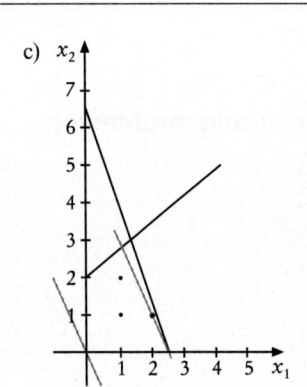

$x_1 = 2$
$x_2 = 1$
$Z_{Max} = 10$

d)

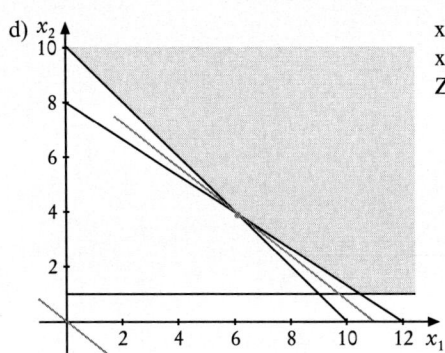

$x_1 = 6$
$x_2 = 4$
$Z_{Min} = 44$

e)

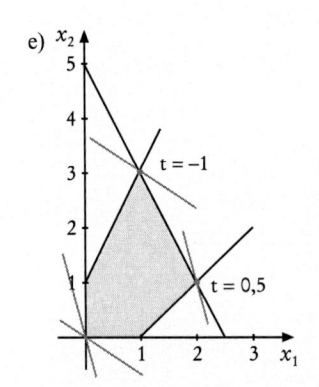

$t = -1$: $Z(x_1/x_2) = 2x_1 + 3x_2$
$\qquad x_1 = 1; x_2 = 3; Z_{Max} = 11$
$t = 0{,}5$: $Z(x_1/x_2) = 0{,}6x_1 + 0{,}2x_2$
$\qquad x_1 = 2; x_2 = 1; Z_{Max} = 1{,}4$
$Z = (1-t)x_1 + (1-2t)x_2 \Rightarrow$
$x_2 = \dfrac{t-1}{1-2t}x_1 + \dfrac{Z}{1-2t}$
$\dfrac{t-1}{1-2t} = -2 \Rightarrow t = \dfrac{1}{3}$

f)

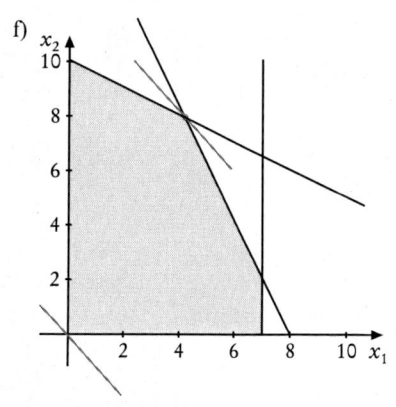

$t = 0$: $Z(x_1/x_2) = 10\,x_1 + 10\,x_2$
$x_1 = 4$; $x_2 = 8$; $Z_{Max} = 120$
$Z = (10 + t)\,x_1 + 10\,x_2 \Rightarrow$
$x_2 = \dfrac{-10 - t}{10}\,x_1 + \dfrac{Z}{10}$
$-2 < \dfrac{-10 - t}{10} < -\dfrac{1}{2}$
$\Rightarrow -5 < t < 10$

g)

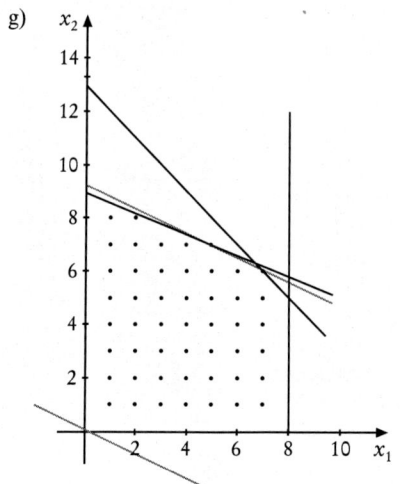

$x_1 = 5$
$x_2 = 7$
$Z_{Max} = 83$

h)

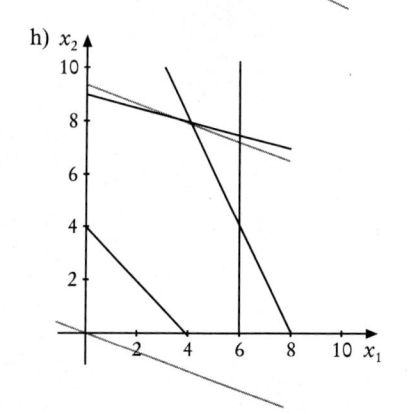

$x_1 = 4$
$x_2 = 8$
$Z_{Max} = 20$

i)

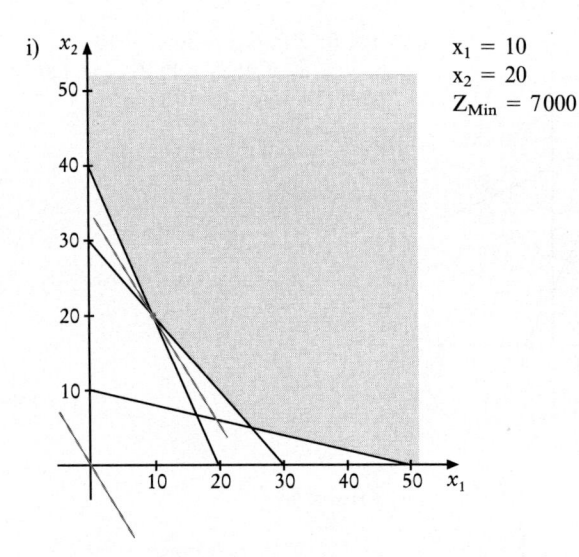

$x_1 = 10$
$x_2 = 20$
$Z_{Min} = 7000$

2 Erz 1: x_1 Tonnen; Erz 2: x_2 Tonnen
1. $x_1 \geq 0, x_2 \geq 0$
2. $\begin{Bmatrix} 0{,}1\,x_1 & \geq 0{,}3 \\ 0{,}1\,x_1 + 0{,}1\,x_2 \geq 1 \\ 0{,}1\,x_1 + 0{,}2\,x_2 \geq 1{,}4 \end{Bmatrix} \Leftrightarrow \begin{Bmatrix} x_1 & \geq 3 \\ x_1 + x_2 \geq 10 \\ x_1 + 2\,x_2 \geq 14 \end{Bmatrix}$
3. $Z(x_1/x_2) = 20\,x_1 + 15\,x_2 \to \text{Minimum}$

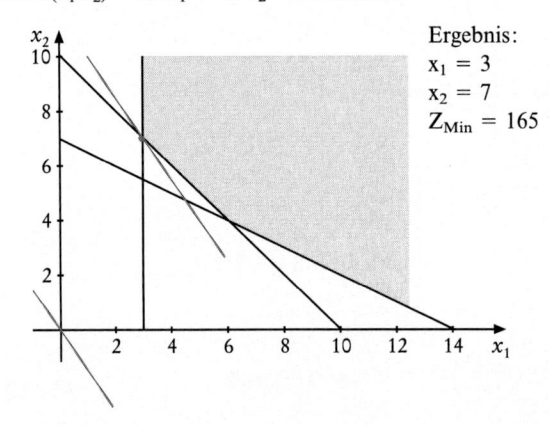

Ergebnis:
$x_1 = 3$
$x_2 = 7$
$Z_{Min} = 165$

3 Zubehörteil A: x_1 Stück; Zubehörteil B: x_2 Stück
1. $x_1 \geq 0, x_2 \geq 0$
2. $3x_1 + 6x_2 \leq 360$
   $6x_1 + 4x_2 \leq 360$
   $6x_1 \leq 300$
3. $Z(x_1/x_2) = 10x_1 + 12x_2 \to$ Maximum

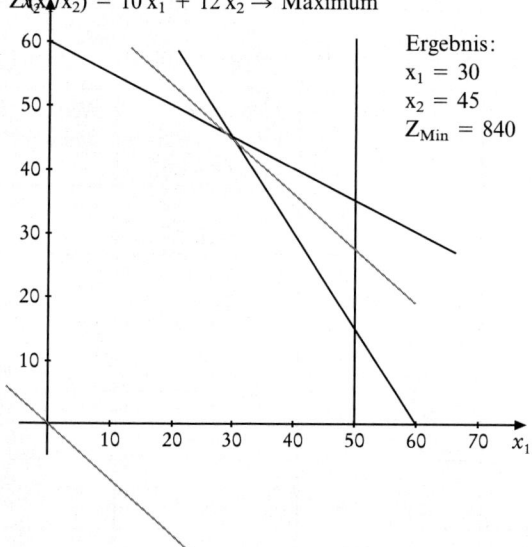

Ergebnis:
$x_1 = 30$
$x_2 = 45$
$Z_{Min} = 840$

4 Getriebeteil G_1: x_1 Stück; Getriebeteil G_2: x_2 Stück
1. $x_1 \geq 0, x_2 \geq 0$
2. $4x_1 + 5x_2 \leq 60$
   $2x_1 + x_2 \leq 18$
   $x_1 \leq 7$
   $x_2 \leq 10$
3. $Z(x_1/x_2) = 40x_1 + 25x_2 \to$ Maximum

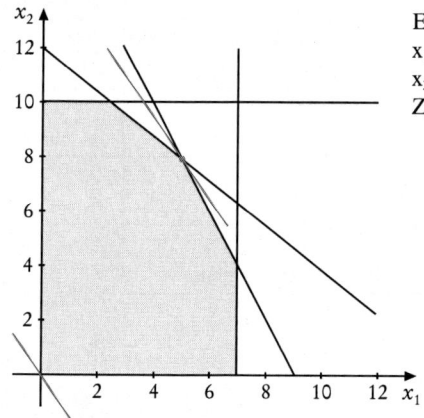

Ergebnis:
$x_1 = 5$
$x_2 = 8$
$Z_{Max} = 400$

11.2 Das Simplex-Verfahren

11.2.2 Hauptsatz der linearen Optimierung

Es müssen alle Schnittpunkte der Randgeraden berechnet werden; dann wird überprüft, ob der berechnete Schnittpunkt alle Restriktionen erfüllt und somit im Planungsbereich liegt.
Liegt der Punkt im Planungsbereich, dann wird der Wert der Zielfunktion ermittelt.

Gleichungen der Randgeraden	Schnittpunkt	Liegt der Punkt im Planungsbereich?	Wert der Zielfunktion
$x_1 + x_2 = 900$ $x_1 = 500$	$x_1 = 500$ $x_2 = 400$	nein	–
$x_1 + x_2 = 900$ $x_2 = 700$	$x_1 = 200$ $x_2 = 700$	ja	87 000
$x_1 + x_2 = 900$ $3x_1 + 2x_2 = 2100$	$x_1 = 300$ $x_2 = 600$	ja	90 000
$x_1 + x_2 = 900$ $x_1 = 0$	$x_1 = 0$ $x_2 = 900$	nein	–
$x_1 + x_2 = 900$ $x_2 = 0$	$x_1 = 900$ $x_2 = 0$	nein	–
$x_1 = 500$ $x_2 = 700$	$x_1 = 500$ $x_2 = 700$	nein	–
$x_1 = 500$ $3x_1 + 2x_2 = 2100$	$x_1 = 500$ $x_2 = 300$	ja	87 000
$x_1 = 500$ $x_1 = 0$	–	–	–
$x_1 = 500$ $x_2 = 0$	$x_1 = 500$ $x_2 = 0$	ja	60 000
$x_2 = 700$ $3x_1 + 2x_2 = 2100$	$x_1 = 700/3$ $x_2 = 700$	nein	–
$x_2 = 700$ $x_1 = 0$	$x_1 = 0$ $x_2 = 700$	ja	63 000
$x_2 = 700$ $x_2 = 0$	–	–	–
$3x_1 + 2x_2 = 2100$ $x_1 = 0$	$x_1 = 0$ $x_2 = 1050$	nein	–

Gleichungen der Randgeraden	Schnittpunkt	Liegt der Punkt im Planungsbereich?	Wert der Zielfunktion
$3x_1 + 2x_2 = 2100$ $x_2 = 0$	$x_1 = 700$ $x_2 = 0$	nein	–
$x_1 = 0$ $x_2 = 0$	$x_1 = 0$ $x_2 = 0$	ja	0

Die optimale Lösung ist: $x_1 = 300$; $x_2 = 600$; $Z_{Max} = 90\,000$

11.2.3 Der Simplex-Algorithmus – Ausführliche Berechnung der Lösung

Berechnen des Engpasses für u_2:
a) $u_2 \leq 200$
b) $u_2 \leq 500$
c) $u_2 \leq 266{,}6$
d) $u_2 \geq -200$ (kein Engpass)

Der Engpass ergibt sich aus der Bedingung a) $u_1 + 0{,}5\,u_2 - 0{,}5\,u_4 = 100$; nach u_2 aufgelöst erhalten wir $u_2 = -2\,u_1 + u_4 + 200$.
u_2 ersetzen wir in den übrigen Gleichungen und in der Zielfunktion durch $-2\,u_1 + u_4 + 200$.

Wir erhalten:
a) $\quad\quad 2\,u_1 + u_2 \quad\quad - u_4 = 200$
b) $x_1 \quad - 2\,u_1 \quad\quad\quad + u_4 = 300$
c) $\quad\quad - 3\,u_1 \quad + u_3 + u_4 = 100$
d) $x_2 + 3\,u_1 \quad\quad\quad - u_4 = 600$

Zielfunktion: $Z_4 = -30\,u_1 - 30\,u_4 + 90\,000$

11.2.4 Die Simplex-Tabelle

11.2.5 Auswahl des Pivot-Elements

11.2.6 Sonderfälle bei der Lösung

1 Gut 1: x_1 Tonnen; Gut 2: x_2 Tonnen; Gut 3: x_3 Tonnen

1. $x_1 \geq 0, x_2 \geq 0, x_3 \geq 0$
2. $\begin{aligned} x_1 &\leq 3500 \\ x_2 &\leq 4000 \\ x_3 &\leq 2000 \\ x_1 + x_2 + x_3 &\leq 7000 \\ 1{,}2\,x_1 + 1{,}1\,x_2 + 1{,}5\,x_3 &\leq 10000 \end{aligned}$
3. $Z(x_1/x_2) = 25\,x_1 + 30\,x_2 + 35\,x_3 \to$ Maximum

BV	x_1	x_2	x_3	u_1	u_2	u_3	u_4	u_5	b_i	q_1	q_2	q_3
u_1	1	0	0	1	0	0	0	0	3500	3500	–	–
←u_2	0	[1]	0	0	1	0	0	0	4000	–	4000	–
u_3	0	0	1	0	0	1	0	0	2000	–	–	2000
u_4	1	1	1	0	0	0	1	0	7000	7000	7000	7000
u_5	1,2	1,1	1,5	0	0	0	0	1	10000	8333,3	9090,9	6666,7
Z_1	25	30	35	0	0	0	0	0	0	87500	120000	70000
u_1	1	0	0	1	0	0	0	0	3500	3500	–	–
→x_2	0	1	0	0	1	0	0	0	4000	–	–	–
u_3	0	0	1	0	0	1	0	0	2000	–	–	2000
←u_4	[1]	0	1	0	−1	0	1	0	3000	3000	–	3000
u_5	1,2	0	1,5	0	−1,1	0	0	1	5600	4666,7	–	3733,3
Z_2	25	0	35	0	−30	0	0	0	−120000	75000	–	70000
u_1	0	0	−1	1	1	0	−1	0	500	–	–	–
x_2	0	1	0	0	1	0	0	0	4000	–	–	–
←u_3	0	0	[1]	0	0	1	0	0	2000	–	–	2000
→x_1	1	0	1	0	−1	0	1	0	3000	–	–	3000
u_5	0	0	0,3	0	0,1	0	−1,2	1	2000	–	–	6666,7
Z_3	0	0	10	0	−5	0	−25	0	−195000			20000
u_1	0	0	0	1	1	1	−1	0	2500			
x_2	0	1	0	0	1	0	0	0	4000			
→x_3	0	0	1	0	0	1	0	0	2000			
x_1	1	0	0	0	−1	−1	1	0	1000			
u_5	0	0	0	0	0,1	−0,3	−1,2	1	1400			
Z_4	0	0	0	0	−5	−10	−25	0	−215000			

Ergebnis: $x_1 = 1000$ t; $x_2 = 4000$ t; $x_3 = 2000$ t;
$Z_{Max} = 215000$

2 Pokale ganz aus Zink: x_1 Stück
Feuerverzinkte Pokale: x_2 Stück
Galvanisch verzinkte Pokale: x_3 Stück

1. $x_1 \geq 0, \quad x_2 \geq 0, \quad x_3 \geq 0$
2. $x_1 \leq 1\,000$
   $ x_2 \leq 3\,000$
   $ x_3 \leq 10\,000$
   $2x_1 + 0{,}4x_2 + 0{,}2x_3 \leq 3\,000$
3. $Z(x_1/x_2) = 4x_1 + 3x_2 + 2x_3 \to \text{Maximum}$

BV	x_1	x_2	x_3	u_1	u_2	u_3	u_4	b_i	q_1	q_2	q_3
u_1	1	0	0	1	0	0	0	1000	1000	–	–
u_2	0	1	0	0	1	0	0	3000	–	3000	–
$\leftarrow u_3$	0	0	[1]	0	0	1	0	10000	–	–	10000
u_4	2	0,4	0,2	0	0	0	1	3000	1500	7500	15000
Z_1	4	3	2	0	0	0	0	0	4000	9000	20000
u_1	1	0	0	1	0	0	0	1000	1000	–	–
u_2	0	1	0	0	1	0	0	3000	–	3000	–
$\to x_3$	0	0	1	0	0	1	0	10000	–	–	–
$\leftarrow u_4$	2	[0,4]	0	0	0	–0,2	1	1000	500	2500	–
Z_2	4	3	0	0	0	–2	0	–20000	2000	7500	–
u_1	1	0	0	1	0	0	0	1000	–	–	–
u_2	–5	0	0	0	1	0,5	–2,5	500	–	–	–
x_3	0	0	1	0	0	1	0	10000	–	–	–
$\to x_2$	5	1	0	0	0	–0,5	2,5	2500	–	–	–
Z_3	–11	0	0	0	0	–0,5	–7,5	–27500			

Ergebnis: $x_1 = 0; \; x_2 = 2500; \; x_3 = 10000;$
$Z_{\text{Max}} = 27500$

3 a) Fichte: x_1 m³; Eiche: x_2 m³; Birke: x_3 m³

Mathematisches Modell:
1. $x_1 \geq 0, x_2 \geq 0, x_3 \geq 0$
2. a) $x_1 + x_2 + x_3 \leq 2000$
   b) $4x_1 + 8x_2 + 6x_3 \leq 12800$
3. $Z(x_1/x_2/x_3) = 4x_1 + 6x_2 + 5x_3 \to$ Maximum

Wegen $x_3 = 900$ folgt:
1. $x_1 \geq 0, x_2 \geq 0$
2. a) $x_1 + x_2 \leq 1100$
   b) $4x_1 + 8x_2 \leq 7400$
3. $Z(x_1/x_2) = 4x_1 + 6x_2 + 4500 \to$ Maximum

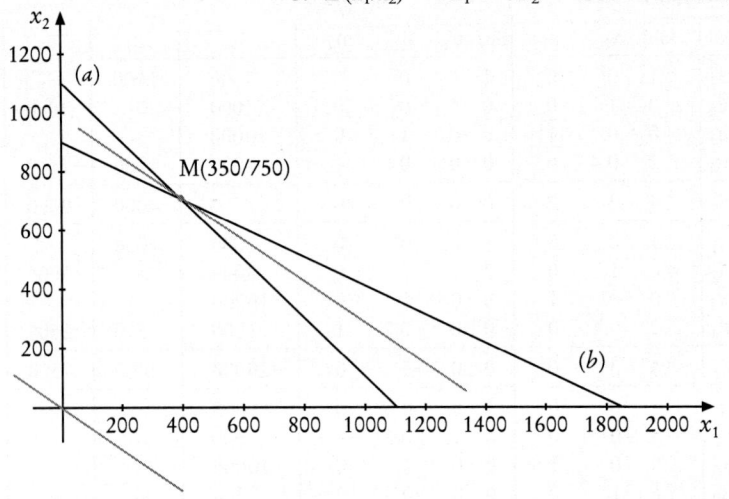

Ergebnis: $x_1 = 350$; $x_2 = 750$; $x_3 = 900$; $Z_{Max} = 10400$

Wird Eiche teurer, so liegt der Schnittpunkt der Geraden (b) mit der x_2-Achse tiefer, der Schnittpunkt mit der x_1-Achse bleibt. Der neue Schnittpunkt der Geraden (a) und (b) liegt rechts und unterhalb von M. Der Anteil von Fichte wird größer, der Anteil von Eiche kleiner, der Heizwert sinkt.

b)

BV	x_1	x_2	x_3	u_1	u_2	b_i	q_1	q_2	q_3
←u_1	1	1	[1]	1	0	2000	2000	2000	2000
u_2	4	8	6	0	1	12800	3200	1600	2133,3
Z_1	4	6	5	0	0	0	8000	9600	10000
→x_3	1	1	1	1	0	2000		2000	
←u_2	−2	[2]	0	−6	1	800		400	
Z_2	−1	1	0	−5	0	−10000		400	
x_3	2	0	1	4	−0,5	1600			
→x_2	−1	1	0	−3	0,5	400			
Z_3	0	0	0	−2	−0,5	−10400			

Ergebnis: $x_1 = 0$; $x_2 = 400$; $x_3 = 1600$; $Z_{Max} = 10400$

4 a)

BV	x_1	x_2	u_1	u_2	u_3	b_i	q_1	q_2
u_1	1	1	1	0	0	30	30	30
←u_2	1	[2]	0	1	0	50	50	25
u_3	2	1	0	0	1	50	25	50
Z_1	20	30	0	0	0	0	500	750
←u_1	[0,5]	0	1	−0,5	0	5	10	−
→x_2	0,5	1	0	0,5	0	25	50	−
u_3	1,5	0	0	−0,5	1	25	50/3	−
Z_2	5	0	0	−15	0	−750	50	−
→x_1	1	0	2	−1	0	10	−	−
x_2	0	1	−1	1	0	20	−	−
u_3	0	0	−3	1	1	10	−	−
Z_3	0	0	−10	−10	0	−800		

Ergebnis: $x_1 = 10$; $x_2 = 20$;
$Z_{Max} = 800$

b)

BV	x_1	x_2	u_1	u_2	u_3	u_4	b_i	q_1	q_2
u_1	1	1	1	0	0	0	15	15	15
←u_2	0	[1]	0	1	0	0	12	−	12
u_3	3	2	0	0	1	0	36	12	18
u_4	1	0	0	0	0	1	9	9	−
Z_1	1	3	0	0	0	0	0	9	36
←u_1	[1]	0	1	−1	0	0	3	3	−
→x_2	0	1	0	1	0	0	12	−	−
u_3	3	0	0	−2	1	0	12	4	−
u_4	1	0	0	0	0	1	9	9	−
Z_2	1	0	0	−3	0	0	−36	3	−
→x_1	1	0	1	−1	0	0	3	−	−
x_2	0	1	0	1	0	0	12	−	−
u_3	0	0	−3	1	1	0	3	−	−
u_4	0	0	−1	1	0	1	6	−	−
Z	0	0	−1	−2	0	0	−39		

Ergebnis: $x_1 = 3$; $x_2 = 12$;
$Z_{Max} = 39$

c)

BV	x_1	x_2	x_3	x_4	u_1	u_2	u_3	b_i	q_1	q_2	q_3	q_4
←u_1	1	2	[1]	0	1	0	0	5	5	2,5	5	–
u_2	1	3	0	1	0	1	0	2	2	$\frac{2}{3}$	–	2
u_3	2	1	0	1	0	0	1	4	2	4	–	4
Z_1	28	50	12	13	0	0	0	0	56	33,3	60	26
→x_3	1	2	1	0	1	0	0	5	5	2,5	–	–
←u_2	[1]	3	0	1	0	1	0	2	2	$\frac{2}{3}$	–	2
u_3	2	1	0	1	0	0	1	4	2	4	–	4
Z_2	16	26	0	13	−12	0	0	−60	32	17,3	–	26
x_3	0	−1	1	−1	1	−1	0	3	–	–	–	–
→x_1	1	3	0	1	0	1	0	2	–	–	–	–
u_3	0	−5	0	−1	0	−2	1	0	–	–	–	–
Z_3	0	−22	0	−3	−12	−16	0	−92				

Ergebnis: $x_1 = 2$; $x_2 = 0$; $x_3 = 3$; $x_4 = 0$
$Z_{Max} = 92$

d)

BV	x_1	x_2	x_3	u_1	u_2	u_3	b_i	q_1	q_2	q_3
←u_1	1	[1]	0	1	0	0	120	120	120	–
u_2	1	0	1	0	1	0	160	160	–	160
u_3	1	0	0	0	0	1	40	40	–	–
Z_1	250	200	100	0	0	0	0	10000	24000	16000
→x_2	1	1	0	1	0	0	120	120	–	–
←u_2	1	0	[1]	0	1	0	160	160	–	160
u_3	1	0	0	0	0	1	40	40	–	–
Z_2	50	0	100	−200	0	0	−24000	2000	–	16000
x_2	1	1	0	1	0	0	120	–	–	–
→x_3	1	0	1	0	1	0	160	–	–	–
u_3	1	0	0	0	0	1	40	–	–	–
Z_3	−50	0	0	−200	−100	0	−40000			

Ergebnis: $x_1 = 0$; $x_2 = 120$; $x_3 = 160$;
$Z_{Max} = 40000$

Lehrbuch Seite 329

e)

BV	x_1	x_2	u_1	u_2	u_3	u_4	b_i	q_1	q_2
u_1	1	1	1	0	0	0	15	15	15
←u_2	0	[1]	0	1	0	0	12	–	12
u_3	3	2	0	0	1	0	33	11	16,5
u_4	1	0	0	0	0	1	10	10	–
Z_1	1	3	0	0	0	0	0	10	36
←u_1	[1]	0	1	–1	0	0	3	3	–
→x_2	0	1	0	1	0	0	12	–	–
u_3	3	0	0	–2	1	0	9	3	–
u_4	1	0	0	0	0	1	10	10	–
Z_2	1	0	0	–3	0	0	–36	3	–
→x_1	1	0	1	–1	0	0	3	–	–
x_2	0	1	0	1	0	0	12	–	–
u_3	0	0	–3	1	1	0	0	–	–
u_4	0	0	–1	1	0	1	7	–	–
Z_3	0	0	–1	–2	0	0	–39		

Ergebnis: $x_1 = 3$; $x_2 = 12$;
$Z_{Max} = 39$

f)

BV	x_1	x_2	x_3	u_1	u_2	u_3	u_4	b_i	q_1	q_2	q_3
u_1	1	1	2	1	0	0	0	28	28	28	14
u_2	2	3	1	0	1	0	0	48	24	16	48
←u_3	[1]	0	0	0	0	1	0	12	12	–	–
u_4	0	1	1	0	0	0	1	13	–	13	13
Z_1	5	2	4	0	0	0	0	0	60	26	52
←u_1	0	1	[2]	1	0	–1	0	16	–	16	8
u_2	0	3	1	0	1	–2	0	24	–	8	24
→x_1	1	0	0	0	0	1	0	12	–	–	–
u_4	0	1	1	0	0	0	1	13	–	13	13
Z_2	0	2	4	0	0	–5	0	–60	–	16	32
→x_3	0	0,5	1	0,5	0	–0,5	0	8	–	–	–
u_2	0	2,5	0	–0,5	1	–1,5	0	16	–	–	–
x_1	1	0	0	0	0	1	0	12	–	–	–
u_4	0	0,5	0	–0,5	0	0,5	1	5	–	–	–
Z_3	0	0	0	–2	0	–3	0	–92	–	–	–

Ergebnis: $x_1 = 12$; $x_2 = 0$; $x_3 = 8$;
$Z_{Max} = 92$

12 Komplexe Zahlen

1 a) $z_1 + z_2 = 7i$
b) $z_2 + z_3 = -6{,}5$
c) $z_1 - z_2 = 4 - i$
d) $2z_1 - z_3 = 8{,}5 + 10i$
e) $z_1 \cdot z_2 = -16 + 2i$
f) $z_1 \cdot z_3 = 3 - 21{,}5i$
g) $z_3 \cdot z_2 = 25 - 10i$
h) $5 \cdot z_1 \cdot z_2 \cdot z_4 = -190 + 755i$
i) $\dfrac{z_1}{z_2} = \dfrac{2}{5} - \dfrac{7}{10}i$
j) $\dfrac{z_2}{z_1} = \dfrac{8}{13} + \dfrac{14}{13}i$
k) $\dfrac{z_4}{z_3} = \dfrac{81}{145} + \dfrac{218}{145}i$
l) $\dfrac{z_4}{z_1} = -\dfrac{20}{13} - \dfrac{57}{26}i$
m) $\dfrac{z_1}{z_1^*} = -\dfrac{5}{13} + \dfrac{12}{13}i$
n) $z_1 \cdot z_1^* = 13$
o) $z_1^2 = -5 + 12i$
p) $(z_1 + z_2)^2 = -49$

2

a)	b) Betrag	c) Argument
$z_1 = 2 + 3i$	$\|z_1\| = \sqrt{13} \approx 3{,}61$	$\varphi_1 = \tan^{-1}\left(\dfrac{3}{2}\right) \approx 56{,}3°$
$z_2 = -2 + 4i$	$\|z_2\| = 2\sqrt{5} \approx 4{,}47$	$\varphi_2 = \tan^{-1}\left(\dfrac{4}{-2}\right) + 180° \approx 116{,}6°$
$z_3 = -4 - 1{,}5i$	$\|z_3\| = \dfrac{1}{2}\sqrt{73} \approx 4{,}27$	$\varphi_3 = \tan^{-1}\left(\dfrac{-1{,}5}{-4}\right) + 180° \approx 200{,}6°$
$z_4 = 2{,}5 + 4{,}5i$	$\|z_4\| = \dfrac{1}{2}\sqrt{106} \approx 5{,}15$	$\varphi_4 = \tan^{-1}\left(\dfrac{4{,}5}{2{,}5}\right) \approx 60{,}9°$
$z_5 = -3i$	$\|z_5\| = 3$	$\varphi_5 = 270°$
$z_6 = -3 - 5i$	$\|z_6\| = \sqrt{34} \approx 5{,}83$	$\varphi_6 = \tan^{-1}\left(\dfrac{-5}{-3}\right) + 180° \approx 239°$

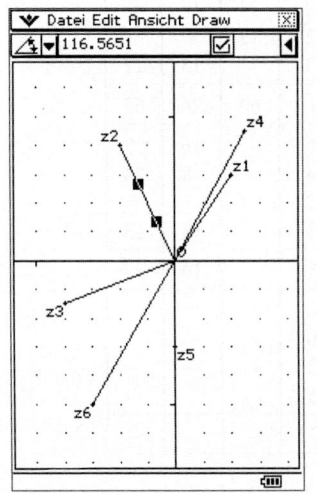

3 a) KG (+): $z_1 + z_2 = (a_1 + b_1 \cdot i) + (a_2 + b_2 \cdot i)$
$ = a_1 + b_1 \cdot i + a_2 + b_2 \cdot i = a_2 + b_2 \cdot i + a_1 + b_1 \cdot i$
$ = (a_2 + b_2 \cdot i) + (a_1 + b_1 \cdot i) = z_2 + z_1$

KG ($\cdot$): $z_1 \cdot z_2 = (a_1 + b_1 \cdot i) \cdot (a_2 + b_2 \cdot i)$
$ = a_1 a_2 + a_1 b_2 \cdot i + a_2 b_1 \cdot i + b_1 \cdot b_2 \cdot i^2$
$ = a_1 \cdot (a_2 + b_2 \cdot i) + b_1 \cdot (a_2 + b_2 \cdot i) \cdot i$
$ = (a_2 + b_2 \cdot i) \cdot (a_1 + b_1 \cdot i) = z_2 \cdot z_1$

AG (+): $z_1 + (z_2 + z_3)$
$= (a_1 + b_1 \cdot i) + [(a_2 + b_2 \cdot i) + (a_3 + b_3 \cdot i)]$
$= (a_1 + b_1 \cdot i) + [a_2 + b_2 \cdot i + a_3 + b_3 \cdot i]$
$= (a_1 + b_1 \cdot i) + [(a_2 + a_3) + (b_2 + b_3) \cdot i]$
$= a_1 + (a_2 + a_3) + b_1 \cdot i + (b_2 + b_3) \cdot i$
$= (a_1 + a_2 + a_3) + (b_1 + b_2 + b_3) \cdot i$
$= (a_1 + a_2) + a_3 + (b_1 + b_2) \cdot i + b_3 \cdot i$
$= [(a_1 + a_2) + (b_1 + b_2) \cdot i] + (a_3 + b_3 \cdot i)$
$= (z_1 + z_2) + z_3$

AG ($\cdot$): $z_1 \cdot (z_2 \cdot z_3)$
$= (a_1 + b_1 \cdot i) \cdot [(a_2 + b_2 \cdot i) \cdot (a_3 + b_3 \cdot i)]$
$= (a_1 + b_1 \cdot i) \cdot (a_2 a_3 + a_2 b_3 \cdot i + a_3 b_2 \cdot i + b_2 b_3 \cdot i^2)$
$= a_1 a_2 a_3 + a_1 a_2 b_3 \cdot i + a_1 a_3 b_2 \cdot i + a_1 b_2 b_3 \cdot i^2 + a_2 a_3 b_1 \cdot i^2$
$ + a_2 b_1 b_3 \cdot i + a_3 b_1 b_2 \cdot i^2 + b_1 b_2 b_3 \cdot i^3$
$= (a_1 a_2 a_3 + a_1 a_3 b_2 \cdot i + a_2 a_3 b_1 \cdot i + a_3 b_1 b_2 \cdot i^2)$
$ + (a_1 a_2 b_3 \cdot i + a_1 b_2 b_3 \cdot i^2 + a_2 b_1 b_3 \cdot i^2 + b_1 b_2 b_3 \cdot i^3)$
$= a_3 \cdot (a_1 a_2 + a_1 b_2 \cdot i + a_2 b_1 \cdot i + b_1 b_2 \cdot i^2) + b_3 \cdot (a_1 a_2 + a_1 b_2 \cdot i + a_2 b_1 \cdot i$
$ + b_1 b_2 \cdot i^2) \cdot i$
$= (a_1 a_2 + a_1 b_2 \cdot i + a_2 b_1 \cdot i + b_1 b_2 \cdot i^2) \cdot (a_3 + b_3 \cdot i)$
$= [a_1 \cdot (a_2 + b_2 \cdot i) + b_1 \cdot (a_2 + b_2 \cdot i) \cdot i] \cdot (a_3 + b_3 \cdot i)$
$= [(a_2 + b_2 \cdot i) \cdot (a_1 + b_1 \cdot i)] \cdot (a_3 + b_3 \cdot i)$
$= (z_2 \cdot z_1) \cdot z_3$
$= (z_1 \cdot z_2) \cdot z_3$

b) $z_1 \cdot (z_2 + z_3)$
$= (a_1 + b_1 \cdot i) \cdot [(a_2 + b_2 \cdot i) + (a_3 + b_3 \cdot i)]$
$= (a_1 + b_1 \cdot i) \cdot (a_2 + b_2 \cdot i + a_3 + b_3 \cdot i)$
$= a_1 a_2 + a_1 b_2 \cdot i + a_1 a_3 + a_1 b_3 \cdot i + a_2 b_1 \cdot i + b_1 b_2 \cdot i^2 + a_3 b_1 \cdot i + b_1 b_3 \cdot i^2$
$= (a_1 a_2 + a_1 b_2 \cdot i + a_2 b_1 \cdot i + b_1 b_2 \cdot i^2) + (a_1 a_3 + a_1 b_3 \cdot i + a_3 b_1 \cdot i + b_1 b_3 \cdot i^2)$
$= [a_1 \cdot (a_2 + b_2 \cdot i) + b_1 \cdot (a_2 + b_2 \cdot i) \cdot i] + [a_1 \cdot (a_3 + b_3 \cdot i) + b_1 \cdot (a_3 + b_3 \cdot i) \cdot i]$
$= (a_2 + b_2 \cdot i) \cdot (a_1 + b_1 \cdot i) + (a_3 + b_3 \cdot i) \cdot (a_1 + b_1 \cdot i)$
$= z_2 \cdot z_1 + z_3 \cdot z_1$

c) $z + 0$
$= (a + b \cdot i) + (0 + 0 \cdot i) = (a + 0) + (b + 0) \cdot i = a + b \cdot i = z$
$z \cdot 1 = (a + b \cdot i) \cdot (1 + 0 \cdot i) = a \cdot 1 + a \cdot 0 \cdot i + b \cdot 1 \cdot i + b \cdot 0 \cdot i^2$
$= a + b \cdot i = z$

d) $z_1 + z_2$
$= (a_1 \cdot b_1 \cdot i) \cdot (a_2 + b_2 \cdot i) = a_1 \cdot (a_2 + b_2 \cdot i) + b_1 \cdot i \cdot (a_2 + b_2 \cdot i)$
mit $z_1 = 0$, d. h. $a_1 = b_1 = 0$ gilt:
$z_1 \cdot z_2 = 0 \cdot (a_2 + b_2 \cdot i) + 0 \cdot i \cdot (a_2 + b_2 \cdot i) = 0$ (analog $z_2 = 0$, d. h. $a_2 = b_2 = 0$)

e) $z + z_I = 0 \Leftrightarrow (a + b \cdot i) + (a_I + b_I \cdot i) = 0 \Leftrightarrow (a + a_I) + (b + b_I) \cdot i = 0$
$\Rightarrow a + a = 0 \wedge b + b = 0 \Leftrightarrow a = -a \wedge b = -b$
$\Rightarrow z_I = -a + (-b) \cdot i = -(a + b \cdot i) = -z$

f) $z \cdot z_I = (a + b \cdot i) \cdot (a_I + b_I \cdot i) = aa_I + ab_I \cdot i + a_I b \cdot i + bb_I \cdot i^2$
$= (aa_I - bb_I) + (ab_I + a_I b) \cdot i$
für $z \neq 0$: $z \cdot z_I = 1 = 1 + 0 \cdot i \Rightarrow aa_I - bb_I = 1 \wedge ab_I + a_I b = 0$

$$\Leftrightarrow b_I = \frac{aa_I - 1}{b} \Leftrightarrow b_I = -a_I \cdot \frac{b}{a}$$

$\frac{aa_I - 1}{b} = -a_I \cdot \frac{b}{a} \Rightarrow a_I = \frac{a}{a^2 + b^2}; b_I = -\frac{b}{a^2 + b^2}$

$z_I = \frac{a}{a^2 + b^2} - \frac{b}{a^2 + b^2} \cdot i = \frac{a - b \cdot i}{a^2 + b^2} = \frac{z^*}{z \cdot z^*} = \frac{1}{z}$

$z \cdot z^* = (a + b \cdot i) \cdot (a - b \cdot i) = a^2 - b^2 \cdot i^2 = a^2 + b^2$

4 a) $3! = 1 \cdot 2 \cdot 3 = 6$ b) $4! = 1 \cdot 2 \cdot 3 \cdot 4 = 24$ c) $6! = 720$

d) $4! \cdot 5 = 5! = 120$ e) $\frac{20!}{18!} = \frac{\cancel{18!} \cdot 19 \cdot 20}{\cancel{18!}} = 380$ f) $\frac{365!}{362!} = \frac{\cancel{362!} \cdot 363 \cdot 364 \cdot 365}{\cancel{362!}}$
$= 48\,228\,180$

5 $\dfrac{\left(\dfrac{\pi}{6}\right)^1}{1!} \approx 0{,}523\,598\,775\,598$

$\dfrac{\left(\dfrac{\pi}{6}\right)^1}{1!} - \dfrac{\left(\dfrac{\pi}{6}\right)^3}{3!} \approx 0{,}499\,674\,179\,394$

$\dfrac{\left(\dfrac{\pi}{6}\right)^1}{1!} - \dfrac{\left(\dfrac{\pi}{6}\right)^3}{3!} + \dfrac{\left(\dfrac{\pi}{6}\right)^5}{5!} \approx 0{,}500\,002\,132\,589$

$\dfrac{\left(\dfrac{\pi}{6}\right)^1}{1!} - \dfrac{\left(\dfrac{\pi}{6}\right)^3}{3!} + \dfrac{\left(\dfrac{\pi}{6}\right)^5}{5!} - \dfrac{\left(\dfrac{\pi}{6}\right)^7}{7!} \approx 0{,}499\,999\,991\,869$

$\dfrac{\left(\dfrac{\pi}{6}\right)^1}{1!} - \dfrac{\left(\dfrac{\pi}{6}\right)^3}{3!} + \dfrac{\left(\dfrac{\pi}{6}\right)^5}{5!} - \dfrac{\left(\dfrac{\pi}{6}\right)^7}{7!} + \dfrac{\left(\dfrac{\pi}{6}\right)^9}{9!} \approx 0{,}500\,000\,000\,020$

6

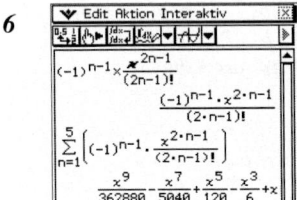

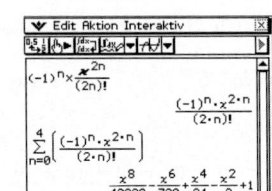

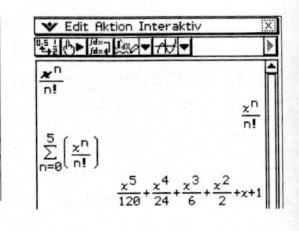

Edit Aktion Interaktiv	Edit Aktion Interaktiv	Edit Aktion Interaktiv
$(-1)^{n-1} \times \dfrac{x^{2n-1}}{(2n-1)!}$	$(-1)^n \times \dfrac{x^{2n}}{(2n)!}$	$\dfrac{x^n}{n!}$
$\dfrac{(-1)^{n-1} \cdot x^{2 \cdot n - 1}}{(2 \cdot n - 1)!}$	$\dfrac{(-1)^n \cdot x^{2 \cdot n}}{(2 \cdot n)!}$	$\dfrac{x^n}{n!}$
$\displaystyle\sum_{n=1}^{5}\left((-1)^{n-1} \cdot \dfrac{x^{2 \cdot n - 1}}{(2 \cdot n - 1)!}\right)$	$\displaystyle\sum_{n=0}^{4}\left(\dfrac{(-1)^n \cdot x^{2 \cdot n}}{(2 \cdot n)!}\right)$	$\displaystyle\sum_{n=0}^{5}\left(\dfrac{x^n}{n!}\right)$
$\dfrac{x^9}{362880} - \dfrac{x^7}{5040} + \dfrac{x^5}{120} - \dfrac{x^3}{6} + x$	$\dfrac{x^8}{40320} - \dfrac{x^6}{720} + \dfrac{x^4}{24} - \dfrac{x^2}{2} + 1$	$\dfrac{x^5}{120} + \dfrac{x^4}{24} + \dfrac{x^3}{6} + \dfrac{x^2}{2} + x + 1$

$y_1 = x$

$y_2 = x - \dfrac{x^3}{6}$

$y_3 = \dfrac{x^5}{120} - \dfrac{x^3}{6} + x$

$y_4 = -\dfrac{x^7}{5040} + \dfrac{x^5}{120} - \dfrac{x^3}{6} + x$

$y_5 = \dfrac{x^9}{362880} - \dfrac{x^7}{5040} + \dfrac{x^5}{120} - \dfrac{x^3}{6} + x$

$y_1 = 1$

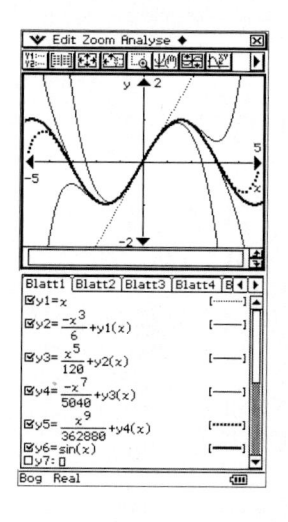

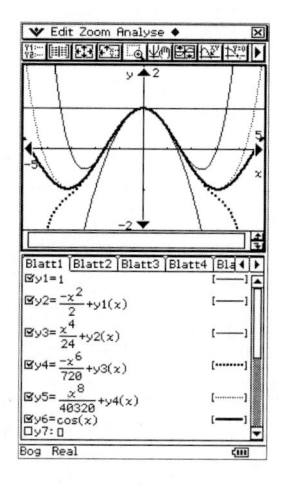

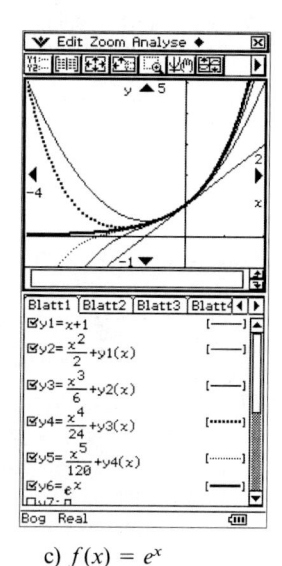

$y_2 = -\dfrac{x^2}{2} + 1$

$y_3 = \dfrac{x^4}{24} - \dfrac{x^2}{2} + 1$

$y_4 = -\dfrac{x^6}{720} + \dfrac{x^4}{24} - \dfrac{x^2}{2} + 1$

$y_5 = \dfrac{x^8}{40320} - \dfrac{x^6}{720} + \dfrac{x^4}{24} - \dfrac{x^2}{2} + 1$

$y_1 = x + 1$

$y_2 = \dfrac{x^2}{2} + x + 1$

$y_3 = \dfrac{x^3}{6} + \dfrac{x^2}{2} + x + 1$

$y_4 = \dfrac{x^4}{24} + \dfrac{x^3}{6} + \dfrac{x^2}{2} + x + 1$

$y_5 = \dfrac{x^5}{120} + \dfrac{x^4}{24} + \dfrac{x^3}{6} + \dfrac{x^2}{2} + x + 1$

a) $f(x) = \sin(x)$ b) $f(x) = \cos(x)$ c) $f(x) = e^x$

7 $|x - \sin(x)| < 0{,}001$ $|x - \sin(x)| < 0{,}01$

$|x| \approx 0{,}18 \approx \dfrac{\pi}{18}$ $|x| \approx 0{,}35 \approx \dfrac{\pi}{9}$

8 Aufgrund der Funktionseigenschaften zur Symmetrie und zur Periodizität ist es ausreichend das Intervall $\left[0; \dfrac{\pi}{2}\right]$ zu betrachten. Funktionswerte für den Bereich $x \in \left[\dfrac{\pi}{2}; \pi\right]$ berechnen sich dann mit $f(\pi - x)$ usw.

Schmiegeparabel	**Fehler für** $x = \dfrac{\pi}{2}$
$t_1(x) = x$	$+57{,}08\,\%$
$t_3(x) = -\dfrac{1}{6}x^3 + x$	$-7{,}52\,\%$
$t_5(x) = \dfrac{1}{120}x^5 - \dfrac{1}{6}x^3 + x$	$+0{,}45\,\%$

$t_7(x) = -\dfrac{1}{5040}x^7 + \dfrac{1}{120}x^5 - \dfrac{1}{6}x^3 + x \qquad -0{,}02\,\%$

Mit dem Polynom siebten Grades können somit alle Funktionswerte der Sinusfunktion in der gewünschten Genauigkeit dargestellt werden.

9 a) $z \approx 5 \cdot [\cos(53{,}13°) + i \cdot \sin(53{,}13°)] \approx 5 \cdot e^{i \cdot 53{,}13°}$
b) $z \approx 10 \cdot [\cos(323{,}13°) + i \cdot \sin(323{,}13°)] \approx 10 \cdot e^{i \cdot 323{,}13°}$
c) $z \approx 13 \cdot [\cos(247{,}38°) + i \cdot \sin(247{,}38°)] \approx 13 \cdot e^{i \cdot 247{,}38°}$
d) $z \approx 7{,}4 \cdot [\cos(108{,}92°) + i \cdot \sin(108{,}92°)] \approx 7{,}4 \cdot e^{i \cdot 108{,}92°}$
e) $z \approx \sqrt{34} \cdot [\cos(239{,}04°) + i \cdot \sin(239{,}04°)] \approx \sqrt{34} \cdot e^{i \cdot 239{,}04°}$
f) $z \approx 1{,}7 \cdot [\cos(61{,}93°) + i \cdot \sin(61{,}93°)] \approx 1{,}7 \cdot e^{i \cdot 61{,}93°}$

10 a) $z \approx 1{,}81 + 0{,}85\,i$ \qquad b) $z \approx -3{,}86 + 4{,}6\,i$ \qquad c) $z \approx -4{,}06 - 1{,}09\,i$
d) $z \approx 1{,}69 - 4{,}17\,i$ \qquad e) $z \approx 0{,}2 - 0{,}02\,i$ \qquad f) $z = 4\sqrt{2} + i \cdot 4\sqrt{2}$
$\hspace{9cm} \approx 5{,}66 + 5{,}66\,i$

11 a) $15 \cdot e^{i \cdot 140°} \approx -11{,}49 + 9{,}64\,i$ \qquad b) $18 \cdot e^{i \cdot 62°} \approx 8{,}45 + 15{,}89\,i$
c) $-22 - 7i \approx \sqrt{533} \cdot e^{i \cdot 197{,}65°}$ \qquad d) $(\sqrt{13} \cdot e^{i \cdot 56{,}31°}) \cdot (3 \cdot e^{i \cdot 15°}) \approx 3\sqrt{13} \cdot e^{i \cdot 71{,}31°}$
e) $2 \cdot e^{i \cdot 180°} = -2$ \qquad f) $24{,}5 \cdot e^{i \cdot 270°} = -24{,}5\,i$

12 a) $3 \cdot e^{i \cdot 60°} = \dfrac{3}{2} + \dfrac{3\sqrt{3}}{2} \cdot i$ \qquad b) $2{,}75 \cdot e^{i \cdot 248°} \approx -1{,}03 - 2{,}55\,i$
c) $-\dfrac{23}{30} + \dfrac{1}{30}i$ \qquad d) $(5 \cdot e^{i \cdot 126{,}87°}) : (2 \cdot e^{i \cdot 62°}) \approx 2{,}5 \cdot e^{i \cdot 64{,}87°}$
e) $0{,}09 \cdot e^{i \cdot 7{,}5°} \approx 0{,}09 + 0{,}01\,i$ \qquad f) $4 \cdot e^{i \cdot 180°} = -4$

13 a) $-115 + 236\,i \approx 41\sqrt{41} \cdot [\cos(115{,}98°) + i \cdot \sin(115{,}98°)]$
b) $2538 - 1342\,i \approx 202\sqrt{202} \cdot [\cos(332{,}13°) + i \cdot \sin(332{,}13°)]$
c) $8 \cdot [\cos(72°) + i \cdot \sin(72°)] \approx 2{,}47 + 7{,}61\,i$
d) $6{,}25 \cdot [\cos(14°) + i \cdot \sin(14°)] \approx 6{,}06 + 1{,}51\,i$
e) $2^{36} \cdot [\cos(60°) + i \cdot \sin(60°)] = 2^{35}(1 + i \cdot \sqrt{3})$
f) $11^3 \cdot [\cos(135°) + i \cdot \sin(135°)] = \dfrac{11^3\sqrt{2}}{2} \cdot (-1 + i)$

14 a) $\dfrac{140}{193} - \dfrac{240}{193}i$ \qquad b) $1{,}2\,i$ \qquad c) $-2 + 2i$
d) $\dfrac{4\sqrt{5}}{5} + \dfrac{7\sqrt{5}}{10}i$ \qquad e) $-\dfrac{181}{49} + \dfrac{45\sqrt{5}}{98}i$ \qquad f) $-\dfrac{194}{41} + \dfrac{229}{41}i$
g) $\dfrac{1}{a+bi} = \dfrac{a-bi}{a^2+b^2}$; allgemein: $\dfrac{1}{z} = \dfrac{z^*}{|z|^2}$
h) $\left(\dfrac{\sqrt{3}+i}{0{,}4}\right)^{25} = (5 \cdot e^{i \cdot 30°})^{25} = 5^{25} \cdot e^{i \cdot 30°} = \dfrac{5^{25}}{2} \cdot (\sqrt{3} + i)$ \qquad i) $\dfrac{a+bi}{i} = b - ai$

15 a) $x = \sqrt{4 - 2i}$ $\varphi = \tan^{-1}\left(-\frac{1}{2}\right) + 360° \approx 333,4°$ $|x^2| = \sqrt{20}$
$x_2 = 4 - 2i$ $\varphi_k \approx \dfrac{333,4° + k \cdot 360°}{2} \approx 166,7°/346,7°$ $r = \sqrt{\sqrt{20}} = \sqrt[4]{20}$

$k = 0$: $x_1 = -\sqrt{\sqrt{5} + 2} + i \cdot \sqrt{\sqrt{5} - 2} \approx \sqrt[4]{20} \cdot e^{i \cdot 166,7°} \approx -2,06 + 0,49\, i$
$k = 1$: $x_2 = \sqrt{\sqrt{5} + 2} - i \cdot \sqrt{\sqrt{5} - 2} \approx \sqrt[4]{20} \cdot e^{i \cdot 346,7°} \approx 2,06 - 0,49\, i$

b) $x = \sqrt{25 \cdot e^{i \cdot 80°}}$ $\varphi_k = \dfrac{80° + k \cdot 360°}{2} = 40°/220°$ $|x^2| = \sqrt{25^2} = 25$
$x^2 = 25 \cdot e^{i \cdot 80°}$ $r = \sqrt{25} = 5$

$k = 0$: $x_1 = 5 \cdot e^{i \cdot 40°} \approx 3,83 + 3,21\, i$
$k = 1$: $x_2 = 5 \cdot e^{i \cdot 220°} \approx -3,83 - 3,21\, i$

c) $x = \sqrt[3]{-24}$ $\varphi_k = \dfrac{180° + k \cdot 360°}{3} = 60°/180°/300°$ $|x^3| = \sqrt{24^2} = 24$
$x^3 = -24$ $r = \sqrt[3]{24} = 2\sqrt[3]{3}$

$k = 0$: $x_1 = 2\sqrt[3]{3} \cdot [\cos(60°) + i \cdot \sin(60°)] = \sqrt[3]{3} + \sqrt[6]{243} \cdot i$
$k = 1$: $x_2 = 2\sqrt[3]{3} \cdot [\cos(180°) + i \cdot \sin(180°)] = -2\sqrt[3]{3}$
$k = 2$: $x_3 = 2\sqrt[3]{3} \cdot [\cos(300°) + i \cdot \sin(300°)] = \sqrt[3]{3} - \sqrt[6]{243} \cdot i$

d) $x = \sqrt{2 + 3i}$ $\varphi_k \approx \dfrac{56,31° + k \cdot 360°}{2} \approx 28,15°/208,15°$ $|x^2| = \sqrt{13}$
$x^2 = 2 + 3i$ $r = \sqrt{\sqrt{13}} = \sqrt[4]{13}$

$k = 0$: $x_1 = \dfrac{\sqrt{2\sqrt{13} + 4}}{2} + \dfrac{\sqrt{2\sqrt{13} - 4}}{2} \cdot i \approx \sqrt[4]{13} \cdot e^{i \cdot 28,15°} \approx 1,67 + 0,9\, i$
$k = 1$: $x_2 = \dfrac{\sqrt{2\sqrt{13} + 4}}{2} - \dfrac{\sqrt{2\sqrt{13} - 4}}{2} \cdot i \approx \sqrt[4]{13} \cdot e^{i \cdot 208,15°} \approx -1,67 - 0,9\, i$

e) $x = \sqrt{(2 + 3i)^3}$ $\varphi_k \approx \dfrac{168,93° + 180° + k \cdot 360°}{2} \approx 84,46°/264,46°$ $|x^2| = \sqrt{2197}$
$x = \sqrt{-46 + 9i}$ $r = \sqrt[4]{2197}$
$x^2 = -46 + 9i$

$k = 0$: $x_1 = \dfrac{\sqrt{26\sqrt{13} - 92}}{2} + \dfrac{\sqrt{26\sqrt{13} + 92}}{2} \cdot i \approx \sqrt[4]{2197} \cdot e^{i \cdot 84,46°} \approx 0,66 + 6,81\, i$
$k = 1$: $x_2 = \dfrac{\sqrt{26\sqrt{13} - 92}}{2} - \dfrac{\sqrt{26\sqrt{13} + 92}}{2} \cdot i \approx \sqrt[4]{2197} \cdot e^{i \cdot 264,46°} \approx -0,66 - 6,81\, i$

16 a) $x_{1,2} = \pm 4i$
$\Rightarrow x^2 + 16 = (x + 4i) \cdot (x - 4i)$
b) $x_{1,2} = -3 \pm \sqrt{3^2 - 28} = -3 \pm \sqrt{19} \cdot i$
$\Rightarrow x^2 + 6x + 28 = (x + 3 + \sqrt{19} \cdot i) \cdot (x + 3 - \sqrt{19} \cdot i)$
c) 0,5 ausklammern; $x_1 = 3$ raten; Polynomdiv.; $x^2 - 4x + 13 = 0$; $x_{2,3} = 2 \pm 3i$
$\Rightarrow 0,5 x^3 - 3,5 x^2 + 12,5 x - 19,5 = 0,5 \cdot (x - 3) \cdot (x - 2 - 3i) \cdot (x - 2 + 3i)$
d) $x_{1,2} = \pm \dfrac{\sqrt{2}}{2} \cdot (1 + i) \wedge x_{3,4} = \pm \dfrac{\sqrt{2}}{2} \cdot (1 - i)$
$\Rightarrow x^4 + 1 = \left(x + \dfrac{1+i}{2}\sqrt{2}\right) \cdot \left(x - \dfrac{1+i}{2}\sqrt{2}\right) \cdot \left(x + \dfrac{1-i}{2}\sqrt{2}\right) \cdot \left(x - \dfrac{1-i}{2}\sqrt{2}\right)$
e) Substitution: $z = t^2$; $t_1 = -4$; $t_2 = +4$; $t_3 = 3i$; $t_4 = -3i$
$\Rightarrow 6t^4 - 42t^2 - 864 = 6 \cdot (t + 4) \cdot (t - 4) \cdot (t - 3i) \cdot (t + 3i)$
f) $x^3(x + 4) = 15(x + 4) \Leftrightarrow (x + 4) \cdot (x^3 - 15) = 0 \Rightarrow x_1 = -4 \wedge x^3 = 15$
$x^3 = 15: x_2 = \sqrt[3]{15}$; $x_3 = -\dfrac{\sqrt[3]{15}}{2} + \dfrac{\sqrt[6]{6075}}{2} \cdot i$; $x_4 = -\dfrac{\sqrt[3]{15}}{2} - \dfrac{\sqrt[6]{6075}}{2} \cdot i$
$\Rightarrow (x + 4) \cdot (x^3 - 15) =$
$(x + 4) \cdot (x - \sqrt[3]{15}) \cdot \left(x + (1 - \sqrt{3}\,i) \cdot \dfrac{\sqrt[3]{15}}{2}\right) \cdot \left(x + (1 + \sqrt{3}\,i) \cdot \dfrac{\sqrt[3]{15}}{2}\right)$
g) $x^5 - 7,5 x^4 - 22 x + 165 = 0 \Leftrightarrow x^4 \cdot (x - 7,5) - 22 \cdot (x - 7,5) = 0$
$\Leftrightarrow (x - 7,5) \cdot (x^4 - 22) = 0$
$\Rightarrow x_1 = 7,5 \wedge x^4 = 22$: $x_2 = \sqrt[4]{22}$; $x_3 = \sqrt[4]{22} \cdot i$; $x_4 = -\sqrt[4]{22}$; $x_5 = -\sqrt[4]{22} \cdot i$
$\Rightarrow x^5 - 7,5 x^4 - 22 x + 165$
$= (x - 7,5) \cdot (x - \sqrt[4]{22}) \cdot (x + \sqrt[4]{22}) \cdot (x - \sqrt[4]{22}\,i) \cdot (x + \sqrt[4]{22}\,i)$
h) Substitution: $z = v^3$; $z^2 + 5z - 24 = 0$; $z_1 = -8 \wedge z_2 = 3$
$z_1 = v^3 = -8: v_1 = 1 + \sqrt{3} \cdot i$; $v_2 = -2$; $v_3 = 1 - \sqrt{3} \cdot i$
$z_2 = v^3 = 3: v_4 = \sqrt[3]{3}$; $v_5 = -\dfrac{\sqrt[3]{3}}{2} + \dfrac{\sqrt[6]{243}}{2} \cdot i$; $v_6 = -\dfrac{\sqrt[3]{3}}{2} - \dfrac{\sqrt[6]{243}}{2} \cdot i$
$\Rightarrow v^6 + 5 v^3 - 24$
$= (v + 2) \cdot (v - 1 - \sqrt{3}\,i) \cdot (v - 1 + \sqrt{3}\,i) \cdot (v - \sqrt[3]{3}) \cdot$
$\left(v + (1 - i \cdot \sqrt{3}) \cdot \dfrac{\sqrt[3]{3}}{2}\right) \cdot \left(v + (1 + i \cdot \sqrt{3}) \cdot \dfrac{\sqrt[3]{3}}{2}\right)$
i) $\dfrac{\sqrt{3}}{3}$ ausklammern: $\dfrac{\sqrt{3}}{3}(x^4 + 5x^3 + 12x^2 - 28x - 240) = 0$
und die Lösungen $x = -4$ bzw. $x = 3$ erraten.
$x_1 = -4 \wedge x_2 = 3 \wedge x^2 + 4x + 20 = 0 \Rightarrow x_3 = -2 - 4i \wedge x_4 = -2 + 4i$
$\Rightarrow \dfrac{x^4}{\sqrt{3}} + \sqrt{\dfrac{25}{3}} x^3 + 4\sqrt{3}\, x^2 - \dfrac{4}{3}\sqrt{147}\, x - 16\sqrt{75}$
$= \dfrac{\sqrt{3}}{3} \cdot (x + 4) \cdot (x - 3) \cdot (x + 2 + 4i) \cdot (x + 2 - 4i)$

j) $x^2 + 5 = 0 \Rightarrow x_{1,2} = \pm\sqrt{5} \cdot i$

$x^3 + 4 = 0 \Rightarrow x_3 = \dfrac{\sqrt[3]{4}}{2} + \dfrac{\sqrt[6]{432}}{2} \cdot i \wedge x_4 = -\sqrt[3]{4} \wedge x_5 = \dfrac{\sqrt[3]{4}}{2} - \dfrac{\sqrt[6]{432}}{2} \cdot i$

$\Rightarrow (x^2 + 5) \cdot (x^3 + 4)$

$= (x + \sqrt[3]{4}) \cdot (x + i \cdot \sqrt{5}) \cdot (x - i \cdot \sqrt{5}) \cdot \left[x - (1 + i \cdot \sqrt{3}) \cdot \dfrac{\sqrt[3]{4}}{2}\right] \cdot \left[x - (1 - i \cdot \sqrt{3}) \cdot \dfrac{\sqrt[3]{4}}{2}\right]$

Literatur-Tipp für Facharbeiten und Referate

Pieper, Herbert: Die komplexen Zahlen. Harri-Deutsch, Frankfurt, 1999[3]